Prozesstemperaturregelung in der laserunterstützten Verarbeitung von faserverstärkten thermoplastischen Verbundkunststoffen

Process Temperature Control in Laser-Assisted Processing of Fiber-Reinforced Thermoplastic Composites

Von der Fakultät für Maschinenwesen
der Rheinisch-Westfälischen Technischen Hochschule Aachen
zur Erlangung des akademischen Grades eines
Doktors der Ingenieurwissenschaften
genehmigte Dissertation

vorgelegt von

Christian Kukla

Berichter:

Univ.-Prof. Dr.-Ing. Christian Brecher
Univ.-Prof. Dr.-Ing. Jürgen Fleischer

Tag der mündlichen Prüfung: 31. August 2022

Diese Dissertation ist auf den Internetseiten der Universitätsbibliothek online verfügbar.

ERGEBNISSE AUS DER PRODUKTIONSTECHNIK

Christian Kukla

Prozesstemperaturregelung in der laserunterstützten Verarbeitung von faserverstärkten thermoplastischen Verbundkunststoffen

Herausgeber:
Prof. Dr.-Ing. T. Bergs
Prof. Dr.-Ing. Dipl.-Wirt. Ing. G. Schuh
Prof. Dr.-Ing. C. Brecher
Prof. Dr.-Ing. R. H. Schmitt

Band 35/2022

WZL | RWTHAACHEN UNIVERSITY

Fraunhofer
IPT

Bibliografische Information der Deutschen Nationalbibliothek
Die Deutsche Nationalbibliothek verzeichnet diese Publikation in der Deutschen Nationalbibliografie; detaillierte bibliografische Daten sind im Internet über https://portal.dnb.de abrufbar.

Christian Kukla:

Prozesstemperaturregelung in der laserunterstützten Verarbeitung von faserverstärkten thermoplastischen Verbundkunststoffen

1. Auflage, 2022

Gedruckt auf holz- und säurefreiem Papier, 100% chlorfrei gebleicht.

Apprimus Verlag, Aachen, 2022
Wissenschaftsverlag des Instituts für Industriekommunikation und Fachmedien an der RWTH Aachen
Steinbachstr. 25, 52074 Aachen
Internet: www.apprimus-verlag.de, E-Mail: info@apprimus-verlag.de

Druck: CPI Druckdienstleistungen GmbH, Ferdinand-Jühlke-Straße 7 I 99095 Erfurt

ISBN 978-3-98555-116-3

D 82 (Diss. RWTH Aachen University, 2022)

Vorwort

Die vorliegende Dissertation entstand neben meiner Tätigkeit als wissenschaftlicher Mitarbeiter am Fraunhofer-Institut für Produktionstechnologie IPT in Aachen.

Meinem Doktorvater Herrn Univ.-Prof. Dr.-Ing. Christian Brecher gilt mein Dank für die wissenschaftliche Betreuung, das entgegengebrachte Vertrauen und die eingeräumte inhaltliche Freiheit bei der Erstellung dieser Arbeit. Herrn Univ.-Prof. Dr.-Ing. Jürgen Fleischer vom Karlsruher Institut für Technologie (KIT) möchte ich für die Übernahme des Koreferats danken. Bedanken möchte ich mich zudem bei Herrn Univ.-Prof. Dr.-Ing. Dipl.-Wirt.-Ing. Johannes Henrich Schleifenbaum für den Vorsitz der Prüfungskommission sowie bei Herrn Univ.-Prof. Dr.-Ing. Dipl.-Wirt. Ing. Günther Schuh für die Übernahme des Prüfungsbeisitzes. Ferner gilt meinen Abteilungsleitern Dr.-Ing. Henning Janssen und Dr.-Ing. Michael Emonts Dank für das von Anfang an entgegengebrachte Vertrauen und die gestalterischen Freiheiten bei der Leitung und Durchführung diverser Projekte. Für die fachliche Durchsicht und wertvolle Anregungen danke ich Dr.-Ing. Henning Janssen, Dr.-Ing. Martin Schäkel, Heiko Baumann und Malena Schulz.

Mein besonderer Dank gilt meinen Freunden und ehemaligen Kollegen aus der Abteilung für Faserverbund- und Lasersystemtechnik für die stets kollegiale und freundliche Zusammenarbeit sowie die fachlich spannende und herausfordernde Zeit. Persönlich danken möchte ich an dieser Stelle Markus Eckert, Tim Nagel, Dr.-Ing. Tido Peters und Dr.-Ing. Daniel Werner für zahlreiche Diskussionen, Gespräche und prägende Momente. Mein Dank gilt ebenso allen Studenten, die im Rahmen Ihrer Abschlussarbeiten sowie als wissenschaftliche Hilfskraft zum Gelingen der Arbeit beigetragen haben.

Der größte Dank gilt meiner Familie:

Meinen Eltern Doris und Bernd Kukla, sowie meiner Schwester Stefanie danke ich für das großartige familiäre Umfeld, in dem ich aufwachsen durfte. Ohne die Sicherheit, den Rückhalt, den Ansporn, die wichtigen und richtigen Freiheiten zur persönlichen Entfaltung sowie die Unterstützung, die mir durch meine Familie zu Teil wurden, wäre dieser Lebensweg nicht möglich gewesen.

Den wichtigsten Menschen in meinem Leben – meiner Frau Kirsten und unseren Kindern Marie und Jonas – danke ich von ganzem Herzen für stete Motivation, den Rückhalt und die Unterstützung bei der Entstehung dieser Arbeit. Ich danke euch für das große Verständnis, mit dem ihr auf unzählige gemeinsame Stunden verzichtet habt.

Aachen, im September 2022 Christian Kukla

Kurzfassung

In dieser Arbeit wird die Prozesstemperaturregelung in der laserunterstützten Verarbeitung von faserverstärkten thermoplastischen Vorbundkunststoffen untersucht und diskutiert. Zu Beginn wird der Stand der Technik in Forschung und Industrie aufgezeigt. Faserverbundkunststoffe und ihre Verarbeitung in Form von UD-Halbzeugen bilden die Grundlage für das Prozessverständnis. Die zugehörigen Produktionssysteme und wichtige Komponenten und Technologien werden ebenfalls vorgestellt und ihre für diese Arbeit relevanten Schwächen diskutiert. Daraus ergeben sich die zu diskutierenden Forschungsthesen sowie die übergeordnete Forschungsfrage. Den Grundstein für die weitere Betrachtung des Prozesses bildet die theoretische Betrachtung des Tape-Verarbeitungsprozesses. Insbesondere die thermodynamische Betrachtung des Tape-Verarbeitungsprozesses befasst sich mit den Einflussgrößen im Aufwärmprozess. Die starke Instationarität des Prozesses und deren Ursachen werden herausgearbeitet und anschaulich dargestellt.

Aufbau, Komponenten und modulare Steuerungsarchitektur des eingesetzten Tape-Verarbeitungssystems werden entworfen, entwickelt und vorgestellt. Dies ist eine erforderliche Grundlage für die Prozessuntersuchungen, die in den weiteren Kapiteln durchgeführt werden.

Es folgt die Durchführung einer vollfaktoriellen Prozessuntersuchung, um damit in einer Datenanalyse den Einfluss verschiedener Prozessparameter auf das Aufheizverhalten im Prozess zu erforschen und mit der theoretischen Betrachtung zu vergleichen. Eine Übereinstimmung der Ergebnisse der Prozessuntersuchung mit der theoretischen Betrachtung des Prozesses wird erfolgreich und übereinstimmend verifiziert. Auf diese Ergebnisse folgt die Analyse der aufgezeichneten Thermografiebilder, um Erkenntnisse für die digitale Bildverarbeitung in der Prozessautomation zu extrahieren. Mittels dieser Forschungsergebnisse erfolgt die Umsetzung einer Prozesstemperaturerfassung und Regelungsstrategie für die Prozesstemperatur. Als unterstützendes Mittel wird dabei ein Prozessmodell aus den vorhandenen Prozessdaten extrahiert. Während der Umsetzung werden verschiedene Ansätze für Regelung und digitale Bildverarbeitung miteinander verglichen und ihre Tauglichkeit bewertet.

Die digitale Bildverarbeitung der Thermografiebilder sowie Regelungen für die Prozesstemperatur und die Lasereinstrahlverhältnisse in der Prozesszone werden erfolgreich implementiert und getestet.

Den Abschluss bildet ein prozesstechnischer Machbarkeitsnachweis mit Hilfe des umgesetzten modularen Steuerungssystems. Dieser Nachweis zeigt, dass die gestellten Forschungsthesen und die übergeordnete Forschungsfrage positiv beantwortet werden können. Die Forschungsergebnisse dieser Arbeit erfüllen damit das gesteckte Ziel vollumfänglich.

Abstract

In this thesis, process temperature control in laser-assisted processing of fiber-reinforced thermoplastic composites is investigated and discussed. At the beginning, the state of the art in research and industry is shown. Fiber-reinforced composites and their processing in the form of UD semi-finished products form the basis for an understanding of the process. The associated production systems and important components and technologies are also presented and their weaknesses relevant to this work are discussed. This results in the research theses to be discussed and the overall research question. The theoretical consideration of the tape processing process forms the foundation for the further consideration of the process. In particular, the thermodynamic analysis of the tape processing process deals with the influencing variables in the heating process. The strong instationarity of the process and its causes are elaborated and clearly illustrated.

Structure, components and modular control architecture of the used tape processing system are designed, developed and presented. This is a necessary basis for the process investigations, which are carried out in the further chapters.

A full-factorial process investigation is then carried out to investigate the influence of various process parameters on the heating behavior in the process in a data analysis and to compare it with the theoretical observation. An agreement of the results of the process investigation with the theoretical consideration of the process is verified successfully and in agreement. These results are followed by the analysis of the recorded thermographic images in order to extract knowledge for digital image processing in process automation. By means of these research results, the implementation of a process temperature detection and control strategy for the process temperature is carried out. As a supporting tool, a process model is extracted from the existing process data. During the implementation, different approaches for control and digital image processing are compared and their suitability is evaluated.

The digital image processing of the thermographic images as well as controls for the process temperature and the laser irradiation conditions in the process zone are successfully implemented and tested.

The final step is a proof of process feasibility with the help of the implemented modular control system. This proof shows that the research theses and the overall research question can be answered positively. The research results of this thesis thus fully meet the set objective.

Inhaltsverzeichnis

Content

Formelzeichen und Abkürzungsverzeichnis

Formula Symbols and Abbreviations

Großbuchstaben

Buchstabe	*Einheit*	*Bedeutung*
A, A_m, A_n	m²	Flächen
A_{Laser}	m²	Bestrahlte Oberfläche
C_{Therm}	K/(W*ms)	Erwärmungskoeffizient im Prozessmodell
E	W/m²	Bestrahlungsstärke
E_{System}	J	Energie des Systems
F	N	Kraft
F_{mn}		Sichtfaktor
I	W/sr	Strahlungsenergie
I_{Laser}	W/m²	Intensität der Laserstrahlung
K_D	-	Differentialverstärkung
K_I	-	Integralverstärkung
K_P	-	Proportionalverstärkung
K_V	1/s	Geschwindigkeitsverstärkung (Lageregler)
L	W/(m²*sr)	Strahldichte
L_A	°	Lasereinstrahlwinkel
$L_{Schnittlänge}$	mm	Minimal abschneidbare Tape-Länge
L_T	%	Anteil des Laserbrennflecks auf dem einlaufenden Tape
L_{Tape}	mm	Tape-Länge (Alternativ in [km])
$L_{Tape\text{-}Bahn}$	mm	Gewünschte Länge einer Tape-Bahn
L_λ	W/(m³*sr)	Wellenlängenabhängige Strahldichte
M	W/m²	Spezifische Ausstrahlung
P_{Laser}	W	Laserleistung
$P_{Schnitt}$	mm	Schneidposition
Q	Ws	Strahlungsleistung
$\dot{Q}$	W	Wärmestrom

Buchstabe	*Einheit*	*Bedeutung*
$\dot{Q}_i$	W	Wärmestrome
$\dot{Q}_{KT}$	W	Wärmestrom durch Konvektion am Tape
$\dot{Q}_{KS}$	W	Wärmestrom durch Konvektion am Substrat
$\dot{Q}_{LST}$	W	Wärmestrom durch Laserstrahlung auf Tape
$\dot{Q}_{LSS}$	W	Wärmestrom durch Laserstrahlung auf Substrat
$\dot{Q}_{AST}$	W	Wärmestrom durch Abstrahlung des Tapes
$\dot{Q}_{ASS}$	W	Wärmestrom durch Abstrahlung des Substrats
$\dot{Q}_{ASA}$	W	Wärmestrom durch Abstrahlung der Konsolid.rolle
$\dot{Q}_{WTA}$	W	Wärmestrom zwischen Tape und Konsolidierungsrolle
$\dot{Q}_{WTS}$	W	Wärmestrom zwischen Tape und Substrat
$R_{x,y}$	-	Rohwert eines Pixels im Thermografiebild
T, T_m, T_n	°C	Temperaturen
T_{AP}	s	Abtastperiode
T_{AR}	°C	Konsolidierungsrollentemperatur
T_N	s	Nachstellzeit
T_{Deg}	°C	Degradationstemperatur
$T_{Festkörper}$	K	Festkörpertemperatur
T_p	°C	Prozesstemperatur
$T_{Schmelz}$	°C	Schmelztemperatur
$T_{Substrat}$; T_{ST}	°C	Substrattemperatur
T_t	s	Totzeit
T_{Tape}	°C	Temperatur des einlaufenden Tapes
$T_{Umgebung}$	K	Umgebungstemperatur
T_V	s	Vorhaltzeit
$T_{x,y}$	°C	Temperaturwert eines Pixels im Thermografiebild
$T_{Zwickel}$	°C	Temperatur im Zwickelbereich
X(t)	-	Eingangsvektor eines KNN
Y(t)	-	Ausgangsvektor eines KNN

Kleinbuchstaben

Buchstabe	*Einheit*	*Bedeutung*
b_{Tape}	mm	Tape-Breite
$b_{Top\text{-}Hat\text{-}Profil}$	mm	Breite des Top-Hat-Profils der Laserstrahlung
c_0	m/s	Lichtgeschwindigkeit im Vakuum (299.792.458)
d_{Tape}	mm	Tape-Dicke
e(t)	-	Regelabweichung
f	Hz	Frequenz
f_A	Hz	Abtastfrequenz
f_{pps}	Hz	Bildwiederholrate
k	-	Abtastzeitpunkt
l_f	mm	Faserlänge
n_{Tape}	kg/h	Materialdurchsatz / Tape-Durchsatz
$\vec{q}$, $\dot{q}$	W/m²	Wärmestromdichten
$r_{Außen}$	mm	Außendurchmesser
r_{Innen}	mm	Innendurchmesser
t	s	Zeit
t_{Therm}	ms	Mittlere Bestrahlungsdauer eines Pixels
t_p	s	Zeit zwischen zwei Bildern
u(t)	-	Stellgröße
$u_R(t)$	-	Reglerausgangssignal
v_{Tape}	mm/s	Verarbeitungsgeschwindigkeit
w	-	Gewichtungsfaktor
w(t)	-	Führungsgröße
$x_n(t)$	-	Eingangsgröße eines KNN
y(t)	-	Regelgröße
$y_m(t)$	-	Gemessene Regelgröße
z(t)	-	Störgröße
$z_n(t)$	-	Gewichtete Eingangsgröße eines KNN

Griechische Buchstaben

Buchstabe	*Einheit*	*Bedeutung*
α	-	Absorptionsgrad
α_L	°	Lasereinstrahlwinkel
α_W	$W/(m^2*K)$	Wärmeübergangskoeffizient
ε_{eff}		Effektiver Emissionskoeffizient
ζ	-	Aktivierungsfunktion
$\vec{\nabla}T$	K/m	Temperaturgradient
σ	$W/(m^2*K^4)$	Stefan-Boltzmann-Konstante ($5{,}670374419*10^{-8}$)
λ	m	Wellenlänge
λ_{Laser}	nm	Wellenlänge der Laserstrahlung
λ_W	$W/(m*K)$	Wärmeleitfähigkeit
Φ	W	Strahlungsleistung
Ω	sr	Raumwinkel

Abkürzungen

Abkürzung	*Bedeutung*
AFP	Automatisiertes Tapelegen (engl.: Automated Fiber Placement)
ANN	Künstliches neuronales Netz (engl.: Artificial Neural Network)
ATL	Automatisiertes Tapelegen
CFK	Kohlenstofffaserverstärkte thermoplastische Kunststoffe
CO_2	Kohlenstoffdioxid
CPU	Zentralprozessor (engl.: Central Processing Unit)
CSV	Kommaseparierte Werte (engl.: Comma-separated Values)
DLR	Deutsches Zentrum für Luft- und Raumfahrt
E/A bzw. I/O	Eingabe und Ausgabe (engl.: Input and Output)
FE-Modell	Finite-Elemente-Modell
FIR	Fernes Infrarot
FVK	Faserverbundkunststoffe
GenICam	Generische Programmier-Schnittstelle für Kameras (engl.: Generic Interface for Cameras)
GPU	Grafikprozessor (engl.: Graphics Processing Unit)
HMI	Bedienoberfläche (engl.: Human Machine Interface)
IPT	Institut für Produktionstechnologie
IR	Infrarot
JSON	JavaScript Object Notation
KI	Künstliche Intelligenz
KNN	Künstliche neuronale Netze
MIR	Mittleres Infrarot
MPC	Modellprädiktive Regelung (engl.: Model Predictive Control)
NC	Numerische Steuerung (engl.: Numerical Control)
Nd:YAG-Laser	Neodym-dotierter Yttrium-Aluminium-Granat-Laser
NETD	Thermische Empfindlichkeit (engl.: Noise Equivalent Temperature Difference)
NIR	Nahes Infrarot
PLC	Speicherprogrammierbare Steuerung (engl.: Programmable Logic Controller)

Abkürzung	*Bedeutung*
px	Bildpunkt (engl.: Pixel)
ROI	Region von Interesse (engl.: Region of Interest)
RTM	Spritzpressen (engl.: Resin Transfer Molding)
SPS	Speicherprogrammierbare Steuerung
SVM	Stützvektormaschine (engl.: Support Vector Machine)
SVR	Stützvektorregression (engl.: Support Vector Regression)
TCP	Arbeitspunkt des Werkzeugs (engl.: Tool Center Point)
TIF / TIFF	Tagged Image File Format
TLK	Tape-Legekopf
UD	Unidirektional
UV	Ultraviolett
VCSEL	Oberflächenemitter (engl.: Vertical-Cavity Surface-Emitting Laser)
XML	Erweiterbare Auszeichnungssprache (engl.: Extensible Markup Language)

1 Einleitung

In der modernen Produktentwicklung spielt Leichtbau eine große Rolle. Die Spanne reicht dabei von Alltagsprodukten bis hin zu spitzentechnologischen Anwendungen. Von Produkten für den Endverbraucher in Form von Freizeitprodukten (z.B. Sportschuhe, Ski) über industrielle Anwendungen wie die Erschließung fossiler Brennstoffvorkommen (z.B. Rohre, Riser) und Mobilitätsanwendungen in der Luftfahrt (z.B. Strukturbauteile) und der Automobilindustrie (z.B. Strukturbauteile, Drucktanks) bis hin zur Weltraumerschließung (z.B. Raketenstufen) profitieren viele Märkte vom Leichtbau. Treibende Kräfte sind dabei Forderungen nach verringertem Gewicht, höherer Bauteilleistung oder verringerten CO_2-Emissionen z.B. in der Automobilbranche. [LAMO03; BREC12; HENN14; KRAU16; BREC16b; KUKL16; KUKL17b; SAUE18]

Mit Hilfe konventioneller Werkstoffe, wie z.B. Stahl, sind dem Leichtbau Grenzen gesetzt. Ihre mechanischen Eigenschaften lassen starke Gewichtsreduktionen nur auf Kosten der Bauteilleistung zu. Nur durch den Einsatz von Hochleistungsmaterialien können neue Leichtbaupotenziale erschlossen werden. Faserverstärkte Kunststoffe (FVK) gehören zu dieser Gruppe von Hochleistungsmaterialien mit einem großen Leichtbaupotenzial. Dies wird auch anhand der aktuellen Marktentwicklung ersichtlich. Dem hohen Leichtbaupotenzial stehen dabei allerdings hohe Materialkosten gegenüber. Um kostenmäßig in Konkurrenz zu konventionellen Materialien treten zu können, sind geeignete Produktionstechnologien und Materialeinsatzstrategien notwendig. Eine Alternative zur vollständigen Fertigung von Bauteilen aus FVK ist der definierte Einsatz von FVK auf konventionellen Werkstoffen, genau dort und auch nur dort, wo sich das volle Potenzial des Materials entfalten kann. Durch dieses sogenannte lokale Verstärken können herkömmliche Bauteile z.B. mit geringeren Wandstärken gefertigt und mit FVK kombiniert werden, um somit bei gleicher struktureller Stärke ein geringeres Gewicht erreichen zu können. [KRAU16; SAUE18; WEIL19; JANS20; PETE20]

Insbesondere bandförmige, endlos und unidirektional kohlenstofffaserverstärkte thermoplastische Halbzeuge (CFK-Tapes) kommen auf Grund ihrer hervorragenden mechanischen und chemischen Eigenschaften bei der Produktion hochbelastbarer Leichtbaukomponenten und beim lokalen Verstärken vermehrt zum Einsatz [KRAU16; SAUE18]. Um einen hohen Automatisierungsgrad und kurze Produktionszyklen erreichen zu können, werden sogenannte „out-of-autoclave“ Prozesse verwendet. Bei diesen Prozessen werden die CFK-Tapes bei der Applizierung mittels einer Wärmequelle direkt miteinander verschweißt (in-situ Konsolidierung) und erfordern keine Nachkonsolidierung in einem Autoklav. Zur flexiblen Verarbeitung von CFK-Tapes mit in-situ Konsolidierung können robotergeführte Automated Fiber Placement (AFP) Systeme eingesetzt werden [ESCH01]. Mit diesen AFP-Systemen können die CFK-Tapes z.B. im laserunterstützten Tape-Legeverfahren verarbeitet und somit zu fertigen Bauteilen zusammengefügt oder zur strukturellen Verstärkung auf vorhandene Grundkörper aufgebracht werden.

Sind hohe Prozessgeschwindigkeiten und eine genaue Prozesstemperaturregelung gefordert, stellen Laser wie z.B. fasergekoppelte Diodenlaser oder Vertical Cavity Surface Emitting Laser (VCSEL) eine geeignete Wärmequelle dar [ESCH01; KÖLZ08; STIM14; KUKL17a; KUKL17b]. Mit ihnen können optische Leistungen im Bereich mehrerer Kilowatt gezielt und lokal in das Material eingeleitet und so der Verschweißprozess durchgeführt werden. Insbesondere für die Erfassung und Beobachtung der Prozesstemperatur eröffnet die Leistungsfähigkeit moderner Systeme zur digitalen Bildverarbeitung im Zusammenspiel mit Thermografiekameras neue Möglichkeiten der Datenerfassung, Qualitätssicherung und Prozessregelung [KUKL17a].

Eines der Ziele der vierten industriellen Revolution (Industrie 4.0) ist die seriengetreue Fertigung einzelner Stückzahlen („Losgröße 1") bei hohem Individualisierungsgrad [LASI14; ROTH16; WINK19]. Ein steigender Bedarf an individualisierten Produkten in geringer Stückzahl sowie Anwendungen in Forschung und Entwicklung erfordern hochoptimierte Prozesse. Nur mit Hilfe dieser optimierten Prozesse können unnötiger Materialverschnitt und Ausschuss vermieden und aufwändige Prozessuntersuchungen zur Einrichtung der Produktionsprozesse obsolet werden. Hierfür entsteht ein neuer Bedarf an intelligenten Systemen zur Prozessregelung. [BREC17; REIN17; TÖRN17] Diese Prozessregelungssysteme sollen dafür sorgen, dass die gewünschten Prozessparameter in möglichst kurzer Zeit erreicht und über einen langen Zeitraum möglichst konstant gehalten werden. Im laserunterstützten Tape-Legeverfahren stellt die Prozesstemperatur einen wesentlichen Parameter mit direktem Einfluss auf Prozessqualität und Prozesserfolg dar.

Ziel der vorliegenden Dissertation ist die grundlegende Untersuchung der Regelbarkeit des laserunterstützten Tape-Legeverfahrens hinsichtlich der Prozesstemperatur bei Einsatz einer Thermografiekamera und bei Verwendung thermoplastischer CFK-Tapes für Anwendungen wie dem lokalen Verstärken.

Zunächst wird eine Charakterisierung des Prozesses hinsichtlich der Einflussnahme unterschiedlicher Prozessparameter durchgeführt und deren Zusammenhänge diskutiert. Hierzu wird in der Folge ein modulares Steuerungssystem für ein AFP-System entwickelt und an die Anforderungen an ein optimiertes Regelungssystem angepasst. Darauf aufbauend wird ein Temperaturerfassungs- und Temperaturverarbeitungssystem entwickelt und in ein AFP-System integriert. Im Kern dieser Arbeit soll erforscht werden, wie ein Prozessregelungssystem zur Einstellung der korrekten Prozesstemperatur insoweit optimiert werden kann, als dass es auch den Anforderungen an die Stückzahl eins entspricht (z.B. Verzicht auf umfangreiche Prozesseinrichtung). Ebenso sollen Einflüsse verschiedener Materialien und Prozessgrößen miteinbezogen werden, um zu gewährleisten, dass das Prozessregelungssystem nicht nur in einem bestimmten Arbeitspunkt zuverlässig funktioniert.

Abschließend erfolgt die Validierung des Prozessregelungssystems mit Hilfe eines prozesstechnischen Machbarkeitsnachweises.

Introduction

Lightweight construction plays a major role in modern product development. The range extends from everyday products to cutting-edge technological applications. From consumer products in the form of leisure products (e.g. athletic shoes, skis) to industrial applications such as the exploitation of fossil fuel deposits (e.g. pipes, risers) and mobility applications in aviation (e.g. structural components) and the automotive industry (e.g. structural components, pressure tanks) to space exploration (e.g. rocket stages), many markets benefit from lightweight construction. The driving forces here are demands for reduced weight, higher component performance or reduced CO2 emissions, e.g. in the automotive industry. [KRAU16; SAUE18; WEIL19; JANS20; PETE20]

With the help of conventional materials, such as steel, there are limits to lightweight construction. Their mechanical properties allow strong weight reductions only at the expense of component performance. Only by using high-performance materials can new lightweight construction potential be tapped. Fiber-reinforced plastics (FRP) belong to this group of high-performance materials with great lightweight construction potential. This is also evident from current market developments. However, the high lightweight potential is offset by high material costs. In order to be able to compete with conventional materials in terms of cost, suitable production technologies and material usage strategies are necessary. An alternative to the production of components made of 100% FRP is the defined use of FRP on conventional materials, precisely where and only where the full potential of the material can be developed. Through this so-called local reinforcement, conventional components can, for example, be manufactured with lower wall thicknesses and combined with FRP in order to achieve a lower weight with the same structural strength. [KRAU16; SAUE18; WEIL19; JANS20; PETE20]

In particular, tape-shaped, continuous and unidirectional carbon fiber-reinforced thermoplastic semi-finished products (CFRP tapes) are used in the production of highly stressable lightweight components and in local reinforcement due to their excellent mechanical and chemical properties. [KRAU16; SAUE18] In order to achieve a high degree of automation and short production cycles, so-called out-of-autoclave processes are used. In these processes, the CFRP tapes are directly welded together during application by means of a heat source (in-situ consolidation) and do not require post-consolidation in an autoclave. For flexible processing of CFRP tapes with in-situ consolidation, robot-guided Automated Fiber Placement (AFP) systems can be used. [ESCH01] With these AFP systems, the CFRP tapes can be precisely processed, e.g. in a laser-assisted tape laying process, and thus assembled into finished components or applied to existing base bodies for structural reinforcement.

If high process speeds and a precise process temperature control are required, lasers such as fiber-coupled diode lasers or Vertical Cavity Surface Emitting Laser (VCSEL) are a suitable heat source. [ESCH01; KÖLZ08; STIM14; KUKL17a] With them, optical powers in the range of several kilowatts can be introduced selectively and locally into the material and thus the welding process can be performed.

Especially for the acquisition and observation of the process temperature, the performance of modern systems for digital image processing in interaction with thermographic cameras opens up new possibilities for data acquisition, quality assurance and process control [KUKL17a].

One of the goals of the fourth industrial revolution (Industry 4.0) is the production of single ("batch size 1") and individualized products in series quality [LASI14; ROTH16; WINK19]. The increasing demand for individualized products in small quantities as well as applications in research and development require highly optimized processes. Only with the help of these optimized processes rejects and unnecessary material waste can be avoided and time-consuming process investigations for setting up production processes become obsolete. For this, a new need for intelligent systems for process control is emerging. [BREC17; REIN17; TÖRN17] These process control systems should ensure that the desired process parameters are reached in the shortest possible time and kept as constant as possible over a long period of time. In the laser-assisted tape laying process, the process temperature represents an essential parameter with a direct influence on process quality and process success.

The aim of this thesis is to fundamentally investigate the controllability of the laser-assisted tape laying process regarding the process temperature when using thermoplastic CFRP tapes for applications such as local reinforcement.

First, a characterization of the process is carried out regarding the influence of different process parameters, such as process speed, optical heating power and irradiation ratio of the heat source, and their correlations are discussed.

For this purpose, a modular control system for an AFP system will be developed and adapted to the requirements of an optimized control system. Based on this, a temperature acquisition and processing system will be developed and integrated into an AFP system.

The core of this work is to investigate how a process control system for setting the correct process temperature can be optimized to the extent that it also meets the requirements for low production quantities (e.g. one single product without the need for expensive process setups). Likewise, influences of different materials, process variables and component geometries are to be included to ensure that the process control system does not only function at a certain operating point.

This is followed by validation of the process control system with the aid of a process engineering proof of concept.

2 Stand der Technik in Forschung und Industrie

State of the Art in Research and Industry

Das folgende Kapitel betrachtet zunächst die grundlegenden Eigenschaften und Anwendungsbereiche faserverstärkter Kunststoffe, insbesondere in Form bandförmiger Halbzeuge (Tapes). Im weiteren Verlauf werden Automated Fiber Placement Systeme (AFP-Systeme) betrachtet und in diesem Zusammenhang Temperaturerfassungsmethoden und Temperaturregelungen diskutiert. Abschließend wird der Stand der Technik zusammengefasst, daraus der Forschungsbedarf abgeleitet und damit der wissenschaftliche Schwerpunkt der Arbeit eingeleitet.

2.1 Faserverbundkunststoffe

Fiber-Reinforced Plastics

Faserverbundkunststoffe (FVK) werden in verschiedensten Ausprägungen in der Produktion verwendet. Ein Faserverbundkunststoff besteht in der Regel aus drei Komponenten, der Faser, dem Matrixmaterial und einer Faserschlichte als Haftvermittler zwischen Faser und Matrixmaterial. [WITT13] Aus diesen drei Komponenten wird ein Halbzeug hergestellt, dass zu einem fertigen Bauteil oder Produkt weiterverarbeitet werden kann.

Gängige Fasermaterialien sind Aramidfasern, Glasfasern, Kohlenstofffasern und Naturfasern [NEIT04; SCHÜ07]. Bei der Wahl der geeigneten Faser sind unter anderem die mechanischen, thermischen, elektrischen und chemischen Eigenschaften die für den Einsatzzweck entscheidenden Kriterien. Kohlenstofffasern haben beispielsweise exzellente mechanische Eigenschaften, sind aber elektrisch leitfähig. Sie können somit nicht für Anwendungen genutzt werden, die eine hohe Transparenz für elektromagnetische Strahlung benötigen, wie z.B. Radoms (Antennenkuppeln) in der zivilen und militärischen Luftfahrt. [LIMA18; WERN18] Für Anwendungen mit sehr hohen Anforderungen an strukturelle Integrität (z.B. B-Säule im Automobil, tragende Rumpfbauteile in der Luftfahrt) können Kohlenstofffasern allerdings ideal eingesetzt werden. [ANYF18; ESCH01; MARS10; PETE17b; KUKL17a]

Tabelle 2.1: Einteilung der Verstärkungsfasern nach Faserlängen [SCHÜ07]
Classification of reinforcing fibers according to fiber lengths

	Kurzfasern	**Langfasern**	**Endlosfasern**
Länge	$l_f \approx 0{,}1$ mm bis 1 mm	$l_f \approx 1$ mm bis 50 mm	$l_f > 50$mm bis $1/d \rightarrow \infty$

Unterschieden wird bei Verwendung von Fasern in Kurzfasern, Langfasern und Endlosfasern. Die dabei betrachteten Längen sind in Tabelle 2.1 gelistet. Kurzfasern eignen sich z.B. für Anwendungen wie das Spritzgießen. Langfasern kommen häufig bei Pressverfahren zum Einsatz, bei denen höhere Steifigkeiten im Bauteil gefordert sind.

Endlosfasern finden sich z.B. in thermoplastischen Prepregs (Tapes) wieder. [CARL91; SCHÜ07; SCHA20]

In einem Faserverbundkunststoff (FVK) sind die geschlichteten Fasern mit einem Kunststoff imprägniert und in diesen eingebettet. Dieser Kunststoff wird als Matrix bezeichnet. Die Matrix übernimmt verschiedene Aufgaben im FVK. Sie dient der Einleitung von Kräften in die Faser und der Überleitung der Kräfte zwischen den Fasern. Außerdem stellt sie die Formhaltigkeit, also die Position und Ausrichtung der Fasern untereinander, im FVK und im Bauteil sicher. Eine weitere Aufgabe der Matrix ist, die Fasern vor äußeren Umwelteinflüssen zu schützen. Aramidfasern z.B. müssen vor ultravioletter Strahlung (UV) geschützt werden, da UV-Strahlung zu einer Degradierung der mechanischen Eigenschaften von Aramidfasern führt. [DUPO17; EHRE06, S.50; SCHÜ07, S.83]

Die Matrices gliedern sich in duroplastische Kunststoffe, thermoplastische Kunststoffe und Elastomere [SCHÜ07, S.83]. Die vorliegende Dissertation befasst sich ausschließlich mit thermoplastischen Kunststoffen. Je nach Einsatzgebiet kommen verschiedene thermoplastischen Kunststoffe zum Einsatz. Abbildung 2.1 zeigt eine Übersicht einiger Thermoplaste inklusive einer ungefähren Einordnung ihres Einsatzbereiches in drei Kategorien [KLIN11].

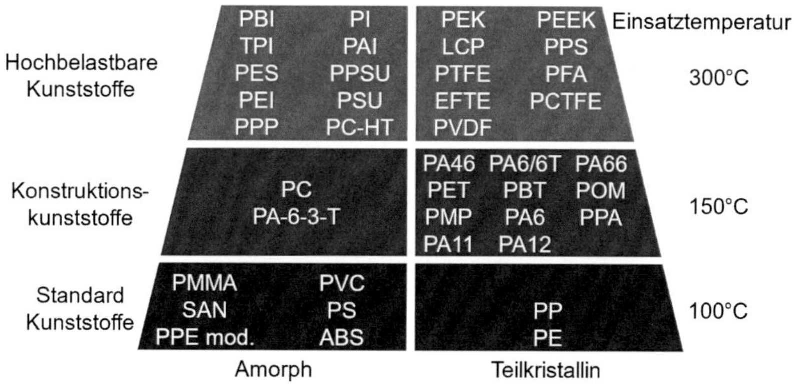

Abbildung 2.1: Übersicht einiger wichtiger Thermoplaste und ihres Einsatzbereichs (in Anlehnung an [KLIN11])

Overview of some important thermoplastics and their area of application

Die dritte Komponente eines FVK, die Faserschlichte, wird direkt auf die Fasern aufgebracht. Sie schützt die scheuerempfindlichen Fasern im Roving vor dem Verkleben untereinander und dient teilweise als ein Haftvermittler zwischen Faser und Matrix. Sie sollte jeweils auf den gewünschten Faser-Matrix-Verbund abgestimmt sein, da bestimmte Schlichtesysteme eine nur unzureichende Haftung mit bestimmten Kunststoffen erreichen. [FLEM03; SCHÜ07]

Besonders interessant für die hier betrachteten automatisierten Produktionsverfahren sind unidirektional verstärkte Halbzeuge (UD-Halbzeuge), da mit diesen die besonderen Eigenschaften der Verstärkungsfasern optimal eingesetzt werden können. UD-Halbzeuge umfassen alle FVK-Halbzeuge, die auf gerichteten Endlosfasern basieren. Das sind vor allem Dryfiber-Tapes sowie Prepregs. Dryfiber-Tapes sind Faserbündel, die nicht mit einer Matrix imprägniert sind. Je nach Beschaffenheit können sie z.B. mit einem Kleber oder Puder, die als Binder bezeichnet werden, benetzt sein, um bei thermischer Aktivierung eine einfache Haftung in einem Laminatverbund erzeugen zu können. Als Prepregs werden mit einer Matrix imprägnierte Faserbündel bezeichnet, zu denen auch die unidirektional verstärkten Bandförmigen Halbzeuge (UD-Tapes) zählen.

In der vorliegenden Dissertation werden ab Kapitel 4 ausschließlich UD-Tapes betrachtet. Diese bestehen aus einem bzw. mehreren Kohlenstofffaserbündeln, auch Tows genannt, die assembliert, gespreizt und mit einer thermoplastischen Matrix vollständig imprägniert werden [NEIT04]. Diese UD-Tapes verfügen häufig über einen rechteckigen Querschnitt und eignen sich für den Einsatz in AFP-Systemen, die im folgenden Kapitel betrachtet werden.

2.2 Verarbeitung von UD-Halbzeugen

Processing of UD-Tapes

Da einige Verarbeitungssysteme verschiedene UD-Halbzeuge verarbeiten können, werden im Folgenden auch Verarbeitungssysteme dargestellt, die nicht ausschließlich auf thermoplastische UD-Tapes spezialisiert sind. Systeme, die nicht für die Verarbeitung thermoplastischer UD-Tapes ausgelegt sind, werden in diesem Kapitel nicht betrachtet.

Zur Verarbeitung von UD-Halbzeugen stehen verschiedene Verarbeitungsverfahren mit verschiedenen Automatisierungsgraden zur Verfügung. Die Bandbreite der damit hergestellten Erzeugnisse reicht von Vorprodukten zur Weiterverarbeitung aus grobstrukturierenden Prozessen bis hin zu Bauteilen aus „near net shape“ Prozessen, bei denen das produzierte Bauteil bereits sehr nahe an der finalen Form ist. Zu den Vorprodukten, die noch verschiedene Schritte bis zum fertigen Bauteil benötigen, gehören z.B. Preforms und Gelege aus Dryfiber-Tapes für RTM-Verfahren oder belastungsoptimierte Organobleche, die durch Thermoforming weiterverarbeitet werden. [JANS17]

Im folgenden Kapitel 2.2.1 werden Systeme betrachtet, die für die Herstellung von zwei- bis zweieinhalbdimensionalen Laminaten optimiert sind. Kapitel 2.2.2 zeigt Systeme, die für die Herstellung dreidimensionaler Laminate optimiert sind. Beide Systemvarianten implementieren die gleiche Produktionstechnologie, bieten allerdings unterschiedliche Freiheitsgrade bei der Produktion. Daher wird bei der folgenden Betrachtung zwischen beiden Systemvarianten unterschieden.

2.2.1 Automated Fiber Placement Systeme für 2D bis 2,5D Laminate

Automated Fiber Placement Systems for 2D to 2.5D Laminates

Verschiedene Systeme für die Herstellung zwei- bis zweieinhalbdimensionaler Laminate, Preforms und Halbzeuge bzw. Gelege sind am Markt verfügbar. Im Folgenden werden exemplarisch einige dieser Systeme mit ihren wichtigsten bekannten Eigenschaften beschrieben. Die damit hergestellten Halbzeuge oder Preforms werden wie eingangs erwähnt, zumeist in weiteren Prozessschritten, wie z.B. dem Thermoforming oder im RTM-Verfahren weiterverarbeitet. Laminate werden möglichst endkonturnah produziert. Die Reihenfolge der vorgestellten Systeme ist alphabetisch nach Hersteller gewählt.

AZL Aachen – „Ultra-Fast Consolidator Machine“

Die aus einem Gemeinschaftsprojekt zwischen dem AZL Aachen, dem Fraunhofer IPT und weiteren beteiligten Partnern entstandene „Ultra-Fast Consolidator Machine“ verarbeitet thermoplastische Tapes. Abbildung 2.2 zeigt den Prototypen der Anlage aus dem Jahr 2018 im Technikum des AZL Aachen im Cluster Produktionstechnik der RWTH Aachen University. [AZLA19]

Abbildung 2.2: AZL Aachen „Ultra-Fast Consolidator Machine“ [AZLA19]
AZL Aachen "Ultra-Fast Consolidator Machine"

Das Ziel dieser Anlage ist, mit einer Ablageeinheit in einem Durchgang eine vollständige Tape-Lage auf einen unter der Ablageeinheit herfahrenden Träger aufzulegen. Durch die Aneinanderreihung mehrerer Ablageeinheiten besteht die Möglichkeit, mehrere vollständige Tape-Lagen in einem Durchlauf abzulegen. Die Anzahl der Ablageeinheiten lässt sich theoretisch beliebig erweitern. Die rotatorische Ausrichtung des Trägers wird vor dem Durchlauf unter einer oder mehrerer Ablageeinheiten durch eine Positioniereinheit festgelegt, um den Ablagewinkel der Tapes variieren zu können. Eine Infrarot-Einheit zum Vorheizen der Träger kann zum Einsatz kommen. Während des Prozesses erfolgt eine in-situ Konsolidierung mit Hilfe von Diodenlasern. Auf Grund des Konzeptes der Maschine, die eine einmalige Einrichtung und dann die Massenproduktion verschiedener Produkte vorsieht, sind keine Temperaturerfassung und Temperaturregelung vorgesehen. Während der Entwicklung der Maschine wurde das im Rahmen dieser Dissertation entwickelte und in Kapitel 5 vorgestellte modulare Steuerungssystem ebenfalls in reduziertem und vereinfachtem Umfang eingesetzt.

Während das in Kapitel 5 vorgestellte modulare Steuerungssystem z.B. im „PrePro 2D“ System eine Numerische Steuerung (NC) für die Bauteilproduktion vorsieht, ist der gesamte Prozess in der „Ultra-Fast Consolidator Machine“ nur zu geringem Anteil ereignisgesteuert und größtenteils zeitgesteuert.

Tabelle 2.2 listet einige technische Daten der „Ultra-Fast Consolidator Machine“ zum Zeitpunkt der Entwicklung des in Abbildung 2.2 gezeigten Prototypen.

Tabelle 2.2: Technische Daten des Prototypens der AZL Aachen „Ultra-Fast Consolidator Machine“

Technical Data of the prototype of the AZL Aachen “Ultra-Fast Consolidator Machine”

Maximale Laminatgröße	800 mm (Durchmesser)
Heizsystem	Infrarot / Laser
Schneidsystem	Gerader Schnitt
Materialspeicher	Fünf Applikatoren
Tape-Breite	Max. 25 mm
Laminatkomplexität	2D
In-situ Konsolidierung	Ja
Cut- / Add-on-the-fly	Ja / Ja
Temperaturerfassung	Nein
Temperaturregelung	Nein

Coriolis Composites SAS – “C5” / “C5 Compact”

Coriolis entwickelt mit den Anlagen „C5“ und „C5 Compact“ Maschinen zur Fertigung von zwei- bis zweieinhalbdimensionalen „near net shape“ Laminaten aus imprägnierten und nicht imprägnierten UD-Tapes. Der „C5“ Tape-Legekopf kann an Industrierobotern und Portalsystemen betrieben werden. Abbildung 2.3 zeigt einen Entwicklungsstand der „C5“ Tape-Legekopfs an einem Roboterarm. Einige ausgewählte technische Daten sind in Tabelle 2.3 gelistet. [CORI19d; CORI19c]

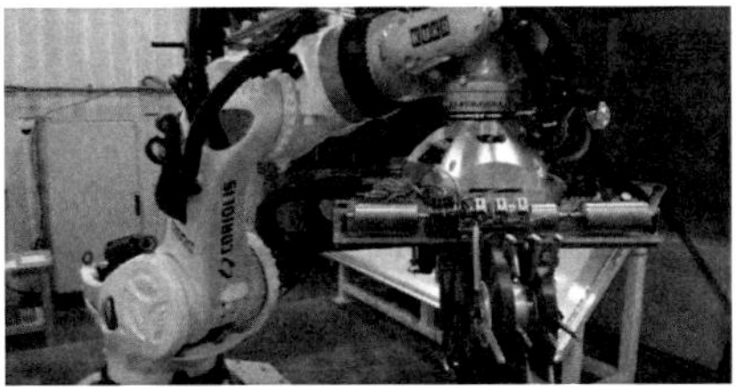

Abbildung 2.3: Coriolis „C5“ [CORI19c]

Coriolis “C5”

Tabelle 2.3: Technische Daten der Coriolis „C5" / „C5 Compact"

Technical Data of Coriolis "C5" / "C5 Compact"

Maximale Laminatgröße	Abhängig vom Aktuator
Heizsystem	Infrarot / Laser
Schneidsystem	Gerader Schnitt
Materialspeicher	Bis zu 20 Applikatoren
Tape-Breite	1½ Zoll / 38,1 mm
Laminatkomplexität	2,5D
In-situ Konsolidierung	Ja
Cut- / Add-on-the-fly	Ja / Ja
Temperaturerfassung	Nur zur Protokollierung
Temperaturregelung	Nein [GAHR17]

Dieffenbacher GmbH Maschinen- und Anlagenbau – „Fiberforge"

Im System „Fiberforge" der Firma Dieffenbacher können thermoplastische UD-Tapes mit Kohlenstofffasern, Glasfasern und Naturfasern verarbeitet werden. Die Tapes werden im ersten Schritt auf die gewünschte Länge zugeschnitten und über ein Handhabungssystem auf einem Rundtisch zum Gelege zusammengefügt. Anstelle einer insitu Konsolidierung werden die Tapes nur punktuell durch Ultraschall aneinandergeheftet. Die vollständige Konsolidierung erfolgt in einem nachgelagerten Prozess. Eine Temperaturerfassung und Temperaturregelung sind in diesem Prozess nicht erforderlich. Einige ausgewählte technische Daten sind in Tabelle 2.4 gelistet. Eine Darstellung der „Fiberforge" ist in Abbildung 2.4 gegeben. Zu sehen sind die vier Materialspulen auf der linken Seite, sowie der Rundtisch für die Ablage der FVK-Tapes in der Mitte der unteren Hälfte des Bildes. [DIEF19]

Tabelle 2.4: Technische Daten der Dieffenbacher „Fiberforge"

Technical Data of the Dieffenbacher "Fiberforge"

Maximale Laminatgröße	2.000 mm (Durchmesser)
Heizsystem	Ultraschall
Schneidsystem	Winkelschnitt bis +/- 45°
Materialspeicher	Vier Spulen
Tape-Breite	50 mm bis 165 mm
Laminatkomplexität	2D
In-situ Konsolidierung	Nein
Cut- / Add-on-the-fly	Nein / Nein
Temperaturerfassung	Keine
Temperaturregelung	Keine

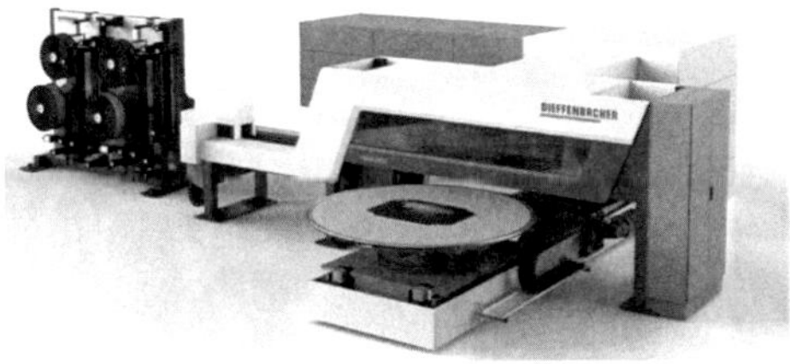

Abbildung 2.4: Dieffenbacher „Fiberforge“ [DIEF19]
Dieffenbacher “Fiberforge“

Fill GmbH – „Multilayer“

Das System „Multilayer“ der Firma Fill verarbeitet trockene und imprägnierte UD-Tapes. Bei diesem System bewegen sich voneinander unabhängige Legeköpfe über einem rotierbaren Ablegetisch und legen die Tapes direkt auf die jeweilige Lage ab. Anstelle einer in-situ Konsolidierung erfolgt hier ein punktuelles Verschweißen mittels einer Sonotrode. Die vollständige Konsolidierung erfolgt in einem nachgelagerten Prozess. Aus diesem Grund sind auch bei der „Multilayer“ keine Temperaturerfassung und Temperaturregelung notwendig. Einige ausgewählte technische Daten sind in Tabelle 2.5 gelistet. Ein Bild der Fill Multilayer ist in Abbildung 2.5 gezeigt. [FILL19]

Tabelle 2.5: Technische Daten der Fill „Multilayer“
Technical Data Fill “Multilayer”

Maximale Laminatgröße	1.600 mm x1.600 mm
Heizsystem	Ultraschall
Schneidsystem	Gerader Schnitt
Materialspeicher	Je 1 Spule an 16 Legeköpfen
Tape-Breite	50 mm
Laminatkomplexität	2D
In-situ Konsolidierung	Nein
Cut- / Add-on-the-fly	Nein / Nein
Temperaturerfassung	Keine
Temperaturregelung	Keine

Abbildung 2.5: Fill „Multilayer“ [FILL19]
Fill “Multilayer”

Fraunhofer IPT – „PrePro 2D“

Das vom Fraunhofer IPT entwickelte und ebenfalls von der Conbility GmbH in Lizenz vertriebene System „PrePro 2D“ verarbeitet UD-Halbzeuge. [AZLA18; FRAU18; JANS20] Das „PrePro 2D“ System basiert auf dem von JANSEN entwickelten Prototypen [JANS17; JANS20]. Ein rotierbarer und optional beheizbarer Laminattisch bewegt sich in X-Richtung unter einem in Y- und Z-Richtung zustellbaren Ablagekopf, der bis zu drei UD-Tapes parallel ablegen kann. Die UD-Tapes können mittels einer fliegenden-Säge-Funktion auf den verfahrenden Laminattisch aufsynchronisiert und abgelegt werden. Die Größe des Laminattisches ist ebenso wie das Heizsystem frei konfigurierbar. Die „PrePro 2D“ ist auf die in-situ Konsolidierung mittels Infrarotstrahler oder Diodenlaser ausgelegt.

Tabelle 2.6: Technische Daten der Fraunhofer IPT „PrePro 2D“
Technical Data of the Fraunhofer IPT "PrePro2D"

Maximale Laminatgröße	2.000 mm (Durchmesser)
Heizsystem	Infrarot / Laser
Schneidsystem	Gerader Schnitt
Materialspeicher	Drei Spulen / Ein Legekopf
Tape-Breite	25 mm (Standardkonfiguration)
Laminatkomplexität	2,5D
In-situ Konsolidierung	Ja
Cut- / Add-on-the-fly	Ja / Ja
Temperaturerfassung	Ja (Pyrometer oder IR-Kamera)
Temperaturregelung	Ja

Das Steuerungssystem basiert auf dem in Kapitel 5 vorgestellten modularen Steuerungssystem, das im Rahmen dieser Dissertation entwickelt wurde. Im Falle von Infrarotstrahlern erfolgt keine Temperaturregelung. Eine Temperaturerfassung kann optional mit geeigneten Pyrometern erfolgen, die keine Sensitivität im Bereich der emittierten Wellenlängen der Infrarotstrahler haben. Die in dieser Arbeit entwickelte Temperaturerfassung und Temperaturregelung kann für lasergestützte Prozesse ebenfalls in der „PrePro 2D“ eingesetzt werden. Eine vereinfachte Version der Temperaturerfassung kommt bereits zum Einsatz. Einige technische Daten der „PrePro 2D“ sind in Tabelle 2.6 aufgelistet. Die technischen Daten hängen allerdings von der konkreten Ausstattung ab. Abbildung 2.6 zeigt den Entwicklungsschritt vom ersten Prototypen zur kommerziellen Version der „PrePro 2D“ am Fraunhofer IPT sowie eine Variante im Technikum der Conbility GmbH. [JANS17; AZLA18; FRAU18; CONB18; JANS20; GARD20]

Abbildung 2.6: Fraunhofer IPT „PrePro 2D“ (Von links: Prototyp, aktuell, Conbility)
Fraunhofer IPT "PrePro 2D" (From Left: Prototype, Current, Conbility)

2.2.2 Automated Fiber Placement Systeme für 3D Laminate

Automated Fiber Placement Systems for 3D Laminates

Für die Herstellung dreidimensionaler Laminate sind ebenfalls verschiedene Systeme am Markt verfügbar. Analog zu Kapitel 2.2.1 werden auch hier exemplarisch einige dieser Systeme mit ihren wichtigsten bekannten Eigenschaften beschrieben. Die gezeigten Systeme eignen sich für die Herstellung kleiner Laminate oder Bauteile, wie z.B. Ringe und Rohre bis hin zu Großstrukturen, wie z.B. Flugzeugtragflächen oder Raketenstufen. [LAMO03; HENN14; BREC16b] Bei den marktüblichen Systemen kommt häufig ein 6-Achs-Gelenkarmroboter als Aktuator zum Einsatz, der je nach Zellenaufbau z.B. auf einer Linearachse verfahren werden kann, um damit die vorher genannten Großstrukturen produzieren zu können. Die Reihenfolge der vorgestellten Systeme ist alphabetisch nach Hersteller gewählt.

AFPT GmbH – Tapelegesysteme und Tapewickelsysteme

Die AFPT GmbH entwickelt und vertreibt Tape-Legesysteme und Tape-Wickelsysteme. Die grundlegende Technologie basiert auf Entwicklungen am Fraunhofer IPT und basiert unter anderem auf den Arbeiten von KÖLZER. [KÖLZ08] AFPT bietet für seine Systeme die Integration von Thermografiekameras und einer darauf basierenden Temperaturregelung für den Tape-Legeprozess an. Die Systeme zielen auf industrielle Großserienproduktion und Forschungseinrichtungen ab. In der Literatur verwenden z.B. STOKES-GRIFFIN ET AL., GROUVE ET AL. sowie weitere Wissenschaftler ein System von AFPT, um Prozessuntersuchungen durchzuführen. [GROU10b; STOK19; BAND19; CHAN20] Einige der öffentlich verfügbaren technischen Daten sind in Tabelle 2.7 gelistet [AFPT19a]. Abbildung 2.7 zeigt eine Produktionszelle im Anwendungszentrum der AFPT GmbH [AFPT19b].

Tabelle 2.7: Technische Daten der Tape-Legesysteme von AFPT
Technical Data of AFPT's Tape Placement Systems

Heizsystem	Laser
Tape-Konfiguration	Verschiedene
Laminatkomplexität	3D
In-situ Konsolidierung	Ja
Temperaturerfassung	Ja
Temperaturregelung	Ja [KÖLZ08]

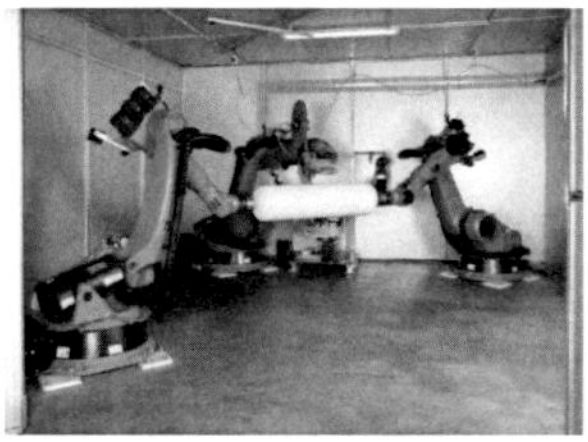

Abbildung 2.7: Tape-Wickelsystem von AFPT [AFPT19a]
Tape Winding System from AFPT

Automated Dynamics – „Automated Tape Laying Machine"

Automated Dynamics bietet Systeme zum Verarbeiten von duroplastischen und thermoplastischen Prepregs. Automated Dynamics nutzt hauptsächlich Systeme mit einem Heißgas-Heizsystem, setzt aber auch Laser für in-situ-Prozesse ein. Eine Temperaturerfassung über eine Thermografiekamera erfolgt für die Qualitätssicherung. Eine Temperaturregelung wird von Automated Dynamics nicht beworben. Tabelle 2.8 listet einige technische Daten. [AUGU14; AUTO17; QURE14]

Tabelle 2.8: Technische Daten der Automated Dynamics Tape-Legesysteme
Technical Data of Automated Dynamic's Tape Laying Systems

Heizsystem	Heißgas / Laser
Tape-Konfiguration	Mehrere 6,35 mm parallel
Laminatkomplexität	3D
In-Situ Konsolidierung	Ja
Temperaturerfassung	Nur zur Protokollierung
Temperaturregelung	Nein

Coriolis Composites SAS – „Csolo" / „C1" / „C2"

Coriolis bietet drei verschiedene Tape-Legeköpfe an, die mit 6-Achs-Gelenkarmrobotern eingesetzt werden können. Die Systeme „Csolo", „C1" und „C2" unterscheiden sich hauptsächlich in der Anzahl parallel verarbeitbarer UD-Tapes. Mittels

Linearachsen können die Systeme von Coriolis Bauteile mit einer Länge von bis zu 80 m produzieren. Solche Bauteile kommen zum Beispiel in der Luftfahrt zum Einsatz. Da an solche Bauteile hohe Anforderungen der Qualitätssicherung gestellt werden, verfügen die Systeme von Coriolis über Temperaturerfassungssysteme, die die Temperatur des Herstellungsprozesses kontinuierlich aufzeichnen. Eine Regelung der Temperatur im Prozess erfolgt nach Aussagen von Coriolis nicht. Strenge Qualitätssicherungsanforderungen z.B. in der Luftfahrtindustrie verhindern teilweise auch Prozessparameterregelungen, da Prozessparameter verifiziert und geprüft sein müssen. [GAHR17] Einige ausgewählte technische Daten der drei Systeme sind in Tabelle 2.9 aufgelistet. Ein Ausschnitt der drei Systeme im Einsatz ist in Abbildung 2.8 zu sehen. [DIFR17; CORI19e; CORI19b; CORI19a]

Tabelle 2.9: Technische Daten der Coriolis „Csolo“ / „C1“ / „C2“

Technical Data of Coriolis "Csolo" / "C1" / "C2"

Heizsystem	Infrarot / Laser
Tape-Konfiguration (Csolo / C1 / C2)	bis 1x 38,1 mm / bis 16x / 24x 6,35 mm
Laminatkomplexität	3D
In-situ Konsolidierung	Ja
Temperaturerfassung	Nur zur Protokollierung
Temperaturregelung	Nein [GAHR17]

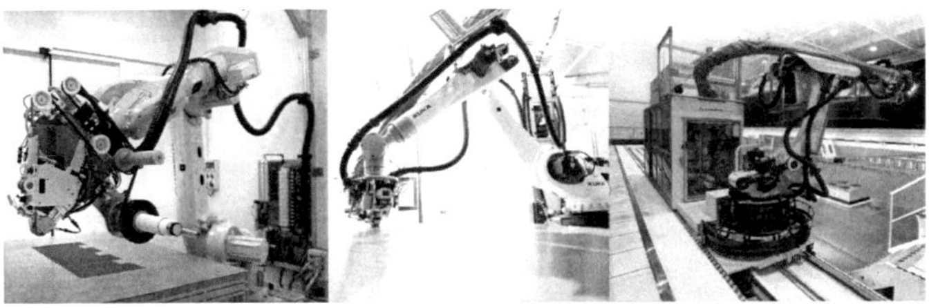

Abbildung 2.8: Coriolis „Csolo“ / „C1“ / „C2“ (von links nach rechts) [CORI19a; CORI19b; CORI19e]

Coriolis "Csolo" / "C1" / "C2" (from left to right)

Fraunhofer IPT – „PrePro 3D“

Das vom Fraunhofer IPT entwickelte und u.a. von der Conbility GmbH in Lizenz vertriebene System „PrePro 3D“ verarbeitet trockene oder imprägnierte Prepregs. Das „PrePro 3D“ System basiert auf dem davor entwickelten MultiMaterialHead des Fraunhofer IPT. [BREC13; WERN14] Das PrePro 3D System wird von einem 6-Achs Gelenkarmroboter geführt und kann sowohl zur Ablage flacher Laminate als auch für die Herstellung von 2.5D Laminate mit einfacher Wölbung bis hin zu 3D Laminaten sowie Wickelanwendungen, wie z.B. Druckbehälter, genutzt werden. [BREC12; SCHÄ19] Als Heizquellen unterstützt das „PrePro 3D“ System Infrarotstrahler,

Diodenlaser mit Homogenisierungsoptik sowie VCSEL-Heizsysteme von Trumpf. Die Temperaturmessung erfolgt wahlweise mit Pyrometern und / oder einer Thermografiekamera. [BREC16a]

Tabelle 2.10: Technische Daten des „PrePro 3D“ Systems des Fraunhofer IPT

Technical Data of the “PrePro 3D” System of Fraunhofer IPT

Heizsystem	Infrarot / Laser / VCSEL
Tape-Konfiguration	Ein Tape (max. zwei Zoll / 5,08 cm)
Laminatkomplexität	3D
In-situ Konsolidierung	Ja
Temperaturerfassung	Ja
Temperaturregelung	Ja

Das Steuerungssystem basiert auf dem in Kapitel 5 vorgestellten modularen Steuerungssystem, das im Rahmen dieser Dissertation entwickelt wurde. Im Falle von Infrarotstrahlern erfolgt keine Temperaturregelung. Eine Temperaturerfassung kann optional mit geeigneten Pyrometern erfolgen, die keine Sensitivität im Bereich der emittierten Wellenlängen der Infrarotstrahler haben. Die in dieser Arbeit entwickelte Temperaturerfassung und Temperaturregelung kann für lasergestützte Prozesse ebenfalls in der „PrePro 3D“ eingesetzt werden. Für den Fall der Temperaturerfassung ist dies bereits in einer vereinfachten Version geschehen. Im MultiMaterialHead [WERN18] erfolgt die Temperaturregelung mit einem einfachen PID-Regler. Alle in der vorliegenden Arbeit vorgestellten Versuchsergebnisse wurden mit einem „PrePro 3D“ System am Fraunhofer IPT erzielt. Tabelle 2.10 listet einige technische Daten. In Abbildung 2.9 ist eine kommerzielle Version des „PrePro 3D“ Systems am AIMEN Technology Centre (links) sowie das am Fraunhofer IPT vorhandene System, das zu Entwicklungszwecken im Rahmen dieser Arbeit verwendet wird, (rechts) dargestellt. [CONB19] Weitere Kundeninstallation befindet sich an der Universität Limerick sowie bei der Firma Maru Hachi Ltd. In Japan. [COMP20; AZLA20]

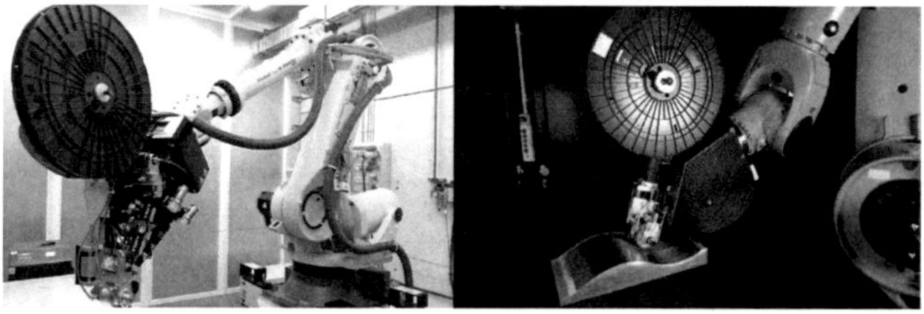

Abbildung 2.9: „PrePro 3D“ am AIMEN Technology Centre (links) und am Fraunhofer IPT (rechts) [AZLA20; COMP20]

“PrePro 3D” at the AIMEN Technology Centre (left) and at Fraunhofer IPT (right)

MTorres Gruppe – „TORRESLAYUP“ / „TORRESFIBERLAYUP“

Das spanische Unternehmen MTorres vertreibt Maschinen zur Ablage duroplastischer und thermoplastischer Prepregs. Vorwiegend sind MTorres-Maschinen in der Fertigung von Großstrukturen für die Luftfahrtindustrie anzutreffen. [MTOR14] Für die Herstellung thermoplastischer Strukturen werden Lasersysteme wie Diodenlaser oder Nd:YAG Laser mit Scannersystem eingesetzt. [COMP16; RODR19] Eine Regelung der Prozesstemperatur wird in diesen Systemen nicht verwendet. Eine Thermografiekamera ist zwar zur Beobachtung des Zwickelpunktes integriert, wird aber nur für die Einrichtung des Systems und für die Aufzeichnung der thermischen Daten zum Zwecke der Qualitätssicherung verwendet. [COMP16; RODR19] Der Punkt, an dem das einlaufende Tape unter der Konsolidierungsrolle auf das abgelegte Substrat trifft, wird Zwickelpunkt genannt.

Einige wichtige technische Daten sind in Tabelle 2.11 gelistet. Ein System für die Verarbeitung thermoplastischer Tapes ist in Abbildung 2.10 dargestellt. [MTOR14; RODR19; COMP16]

Tabelle 2.11: Technische Daten der Tape-Verarbeitungssysteme von MTorres
Technical Data of MTorres's Tape Placement Systems

Heizsystem	Infrarot / Laser
Tape-Konfiguration	Variabel (z.B. 4x150 mm)
Laminatkomplexität	3D
In-situ Konsolidierung	Ja
Temperaturerfassung	Ja
Temperaturregelung	Nein

Abbildung 2.10: MTorres Tape-Ablegesystem für thermoplastische Prepregs [MTOR14]
MTorres Tape Placement System for Thermoplastic Prepregs

Weitere Systeme

Neben den in Kapiteln 2.2.1 und 2.2.2 vorgestellten Systemen existieren auf dem weltweiten Markt noch weitere Systeme. Diese werden hier nicht näher vorgestellt, da sie entweder nicht zur Verarbeitung thermoplastischer UD-Tapes geeignet sind, keine besondere Marktverbreitung haben, nur als Prototyp existieren oder starke Ähnlichkeit zu bereits vorgestellten Konzepten haben. [LUKA12]

Zu den in diesem Kapitel nicht weiter betrachteten Systemen gehören unter anderem und nicht abschießend:

- Cincinnati Viper von FIVES
- Lynx von CAMOZZI GROUP S.p.A.
- Samba von Cevotec GmbH
- AFP-Systeme von Accudyne Systems, Inc.
- Fiber Placement System der Leibniz-Institut für Verbundwerkstoffe GmbH (IVW) der Universität Kaiserslautern

2.3 Wärmequellen für das Automated Fiber Placement

Heat sources for Automated Fiber Placement

Wird bei der Produktion von „near net shape" Faserverbundbauteilen aus thermoplastischen UD-Tapes ein „out-of-autoclave" Prozess mit in-situ Konsolidierung und ohne weiteren Umformschritt angestrebt (siehe Kapitel 1), eignen sich insbesondere Automated Fiber Placement Systeme (AFP-Systeme) für 3D Laminate (siehe Kapitel 2.2). Sie bringen die notwendige geometrische Flexibilität mit sich, die für eine möglichst flexible und endkonturnahe Bauteilfertigung benötigt wird. Der laserunterstützte Tape-Verarbeitungsprozess wird in Kapitel 4 detailliert vorgestellt.

Voraussetzung für die in-situ Konsolidierung ist das Verschweißen der Kunststofflagen im Faserverbundbauteil. Dazu müssen im Verarbeitungsprozess sowohl das einlaufende UD-Tape als auch das bereits abgelegte oder vorhandene Substrat durch eine Wärmequelle auf eine Temperatur erwärmt werden, die das Verschweißen erlaubt. [ESCH01; GROU12; KÖLZ08; STIM14] Der für den Verschweißprozess notwendige Wärmeeintrag erfolgt durch Wärmeleitung, Konvektion oder Wärmestrahlung [BAEH19, S.1].

KÖLZER hat in seiner Arbeit bereits eine Übersicht verschiedener berührender und berührungsloser Wärmequellen beschrieben [KÖLZ08]. Im Folgenden sind einige Wärmequellen aufgelistet:

- Kontakterwärmung: Wärmeleitung durch direkten Kontakt zwischen einem temperierten Heizschuh und der zu erwärmenden Oberfläche.
- Heißgas: Erzwungene Konvektion durch ein vorbeiströmendes aufgeheiztes Gas wie Luft oder Stickstoff (N_2).

- Offene Flamme: Erzwungene Konvektion und Wärmestrahlung durch den Einsatz verschiedener Brenngase [FUNC96, S.17].
- Mikrowellen: Wärmestrahlung, die ein Schwingen der bestrahlten Moleküle und damit ein Erwärmen durch Reibung erzielt, sofern die Absorption der Mikrowellen im bestrahlten Material ausreichend hoch ist.
- Infrarot: Hauptsächlicher Wärmeeintrag durch Wärmestrahlung, geringer Wärmeeintrag mittels Konvektion durch erwärmte Luft [FUNC96, S.14].
- Laser: Wärmestrahlung. Beispiele sind CO_2-, Nd:YAG-, Dioden- und VCSE-Laser.

Gängige Wärmequellen werden bereits aus den in Kapitel 2.2 vorgestellten Systemen ersichtlich. Heißgas [SCHL04], Infrarotstrahler [SCHM05] und Laser werden in den dort vorgestellten Systemen eingesetzt. Insbesondere Diodenlaser sind für das Automated Fiber Placement geeignet. Sie bieten eine hohe Leistungsdichte, die sich dank Optiken gezielt auf die verarbeitete Tape-Breite fokussieren lässt. Die Strahlqualität spielt dabei nur eine unwesentliche Rolle, solange die Leistungsdichte im durch die Optik erzeugten Laserbrennfleck homogen ist. Damit liefern sie das Potenzial für eine hohe Prozessgeschwindigkeit und sorgen gleichzeitig für eine möglichst geringe thermische Belastung des umliegenden Materials, das nicht aufgeschmolzen werden muss. Die Leistung eines modernen Diodenlasers lässt sich innerhalb von Millisekunden abrufen. Die Anstiegszeiten der optischen Leistung und die Latenzen bei der Ansteuerung sind allerdings systemspezifisch und sollten für den hier betrachteten Prozess in Summe möglichst im Bereich weniger Millisekunden liegen. Dadurch ergibt sich eine schnelle Regelbarkeit und damit einhergehend eine potenziell gute Prozesskontrolle. [GROU12; KÖLZ11; SCHL09; MACK12; WEIL19]

In der vorliegenden Arbeit wird ein PrePro 3D System des Fraunhofer IPT genutzt. Dazu steht ein Diodenlaser der Firma Laserline (LDF3000) mit einem Wertebereich der Ausgangswellenlängen von λ_{Laser}=[900 nm, 1.080 nm] und einer optischen Spitzendauerausgangsleistung von P_{Laser}=3.300 W zur Verfügung.

2.4 Temperaturerfassung im Automated Fiber Placement

Temperature Measurement for Automated Fiber Placement

Die Prozesstemperatur spielt im Verschweißprozess thermoplastischer Kunststoffe eine entscheidende Rolle. Liegt die Prozesstemperatur unterhalb der Schmelztemperatur $T_{Schmelz}$ des verwendeten Thermoplasts, so kann keine thermische Verschmelzung stattfinden und es liegt mangels Konsolidierung eine Fehlstelle im Bauteil vor. Liegt die Prozesstemperatur für eine gewissen Zeitspanne oberhalb des jeweiligen Degradationspunkts T_{Deg} des jeweiligen Thermoplasts, ab dem die thermische Zersetzung des Kunststoffs beginnt, so kann unter Umständen zwar eine partielle thermische Verschweißung stattfinden, die strukturelle Integrität des Kunststoffs wird dabei aber geschädigt. [KERM15] Die thermische Degradation findet dabei fließend über Temperatur und Zeit statt. Die Beobachtung der Prozesstemperatur während des Automated

Fiber Placement liefert einen wichtigen Indikator darüber, ob der Verschweißprozess bzw. die Konsolidierung der thermoplastischen UD-Tapes überhaupt erfolgreich sein kann oder nicht.

Die Temperaturerfassung kann im AFP mit Hilfe verschiedener berührender und berührungsloser Methoden erfolgen. Aus dem „Handbuch der Technischen Temperaturmessung" folgt die in Abbildung 2.11 dargestellte Übersicht technischer Temperaturmessverfahren [BERN14]. KÖLZER hat in seiner Arbeit bereits eine Übersicht von bis dato gängigen Temperaturerfassungsmethoden dargestellt [KÖLZ08, S.23–25]. Daher wird an dieser Stelle auf eine detaillierte Beschreibung der verschiedenen Temperaturmessverfahren verzichtet.

Thermografie stellt zum heutigen Zeitpunkt eine breit verfügbare Technologie für industrielle Anwendungen dar. Berührungslose Temperaturmessverfahren in Form von Strahlungsthermometern sind lange bekannt und hervorragend für den AFP Prozess geeignet. Sie geben jeweils die Temperatur eines definierten Messflecks wieder und ermöglichen je nach Ausführung die Messung mit hohen Frequenzen. Selbstverständlich lassen sich auch mehrdimensionale Kameras nutzen. KÖLZER nutzt in seiner Arbeit ein Multipointradiometer mit einer Auflösung von 16x16 Punkten und einer Messfrequenz von 8 Hz. [KÖLZ08, S.69]

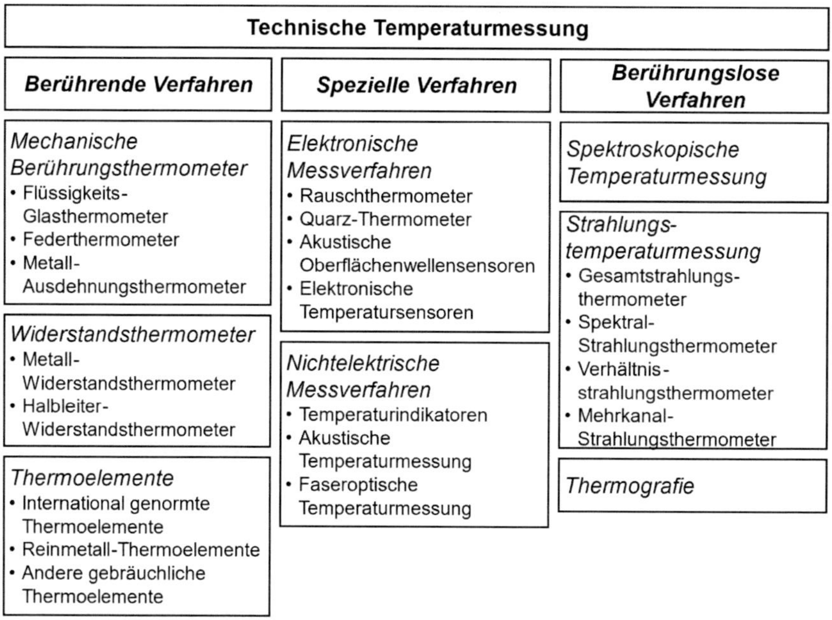

Abbildung 2.11: Übersicht verschiedener Temperaturmessverfahren [BERN14]

Overview of Different Temperature Measurement Methods

Für die Temperaturmessung im AFP Prozess sind neben Pyrometern außerdem Thermografiegeräte geeignet. Neben der reinen Temperaturinformation liefern sie bei deutlich höheren Bildwiederholfrequenzen auch eine hohe räumliche Auflösung der betrachteten Prozesszone, die dazu geeignet ist, daraus weitere Informationen wie genaue Temperaturgradienten zu extrahieren.

Grundlage der Strahlungstemperaturmessung und der Thermografie ist die physikalische Grundeigenschaft von Körpern, bei Temperaturen oberhalb des absoluten Nullpunkts von 0 K (entspricht -273,15 °C), elektromagnetische Strahlung zu emittieren [BERN14, S.1163]. Die Energie der emittierten Strahlung bestimmt dabei die Frequenz bzw. die Wellenlänge und somit die Art der emittierten Strahlung. Der Zusammenhang zwischen Frequenz und Wellenlänge ergibt sich aus dem Quotienten der Naturkonstante Lichtgeschwindigkeit und der Wellenlänge der elektromagnetischen Strahlung (Formel (2-1)):

$$f = \frac{c_0}{\lambda} \tag{2-1}$$

Abbildung 2.12 zeigt eine Übersicht des elektromagnetischen Spektrums. Die für die vorliegende Arbeit wichtige Wärmestrahlung tritt im infraroten Frequenzbereich auf, der sich im Wellenlängenbereich zwischen nahem Infrarot (NIR: 780 nm bis 3 µm), mittlerem Infrarot (MIR: 3 µm bis 50 µm) und fernem Infrarot (FIR: 50 µm bis 1 mm) bewegt [BERN14, S.1164].

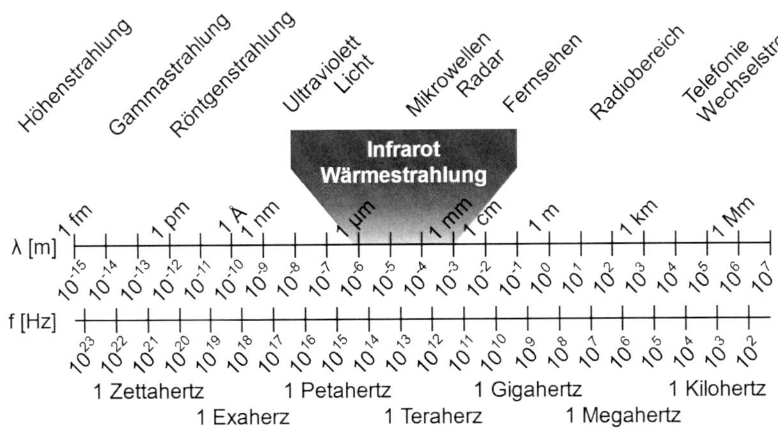

Abbildung 2.12: Das elektromagnetische Spektrum (Strahlungsarten, Wellenlängen und Frequenzen) [CZIC12, S. B242]

The Electromagnetic Spectrum (Radiation Types, Wavelengths and Frequencies)

Bei der Wahl eines geeigneten Temperatursensors ist es wichtig, dass die Wellenlängenbereiche, in denen die Heizquelle emittiert und in denen der Sensor empfindlich ist, in dem Sinne zueinander passen, dass der Temperatursensor die gewünschten Informationen extrahieren kann [BERN14, S.1432].

Die Beobachtung der thermischen Strahlung ist abhängig von verschiedenen Faktoren. Dazu gehören unter anderem die Wellenlänge der emittierten Strahlung, die Temperatur des emittierenden Körpers, der wellenlängen- und temperaturabhängige Emissionskoeffizient des emittierenden Körpers, die emittierende Fläche sowie der Raumwinkel, in dem der Sensor zur gemessenen Oberfläche steht. Physikalisch kann die thermische Strahlung durch die folgenden strahlungsphysikalischen Größen beschrieben werden. [BERN14, S.1165–1184]

Die energetische Größe der Strahlungsleistung Φ (Formel (2-2)) bezeichnet die Strahlungsenergie Q in Bezug auf eine Zeiteinheit t:

$$\Phi = \frac{dQ}{dt} \qquad [\Phi] = W \qquad (2\text{-}2)$$

Die Strahlungsenergie Q (Formel (2-3)) ergibt sich dabei aus dem Integral der spektralen Dichte der Strahlungsenergie Q_λ über den Wellenlängenbereich $d\lambda$:

$$Q = \int Q_\lambda d\lambda \qquad [Q] = Ws = J \qquad (2\text{-}3)$$

Bezogen auf eine Strahlung emittierende Fläche A_s (Index „s“ für Sender) ergibt sich die spezifische Ausstrahlung M (Formel (2-4)).

$$M = \frac{d\phi}{dA_s} \qquad [M] = \frac{W}{m^2} \qquad (2\text{-}4)$$

Wie bereits beschrieben, ist die thermische Strahlung auch abhängig vom Raumwinkel $d\Omega$, was als Strahlungsintensität I, also die pro Raumwinkel Ω abgegebene Strahlungsleistung ϕ (Formel (2-5)), dargestellt werden kann:

$$I = \frac{d\phi}{d\Omega} \qquad [I] = \frac{W}{sr} \qquad (2\text{-}5)$$

Seitens des Sensors wird der Begriff der Bestrahlungsstärke E (Formel (2-6)) als Strahlungsenergie in Abhängigkeit der bestrahlten Fläche des Empfängers A_e (Index „e“ für Empfänger) dargestellt:

$$E = \frac{d\phi}{dA_e} \qquad [E] = \frac{W}{m^2} \qquad (2\text{-}6)$$

Mit diesen Grundlagen ergibt sich schließlich die Strahldichte L (Formel (2-7)), die vom Winkel φ zwischen der Strahlungsrichtung und der Flächennormalen des Strahlers abhängig ist. Die Formel für Emitter und Empfänger ist bis auf die entsprechenden Indizes gleich:

$$L = \frac{dI}{dA_{s,e} \cdot \cos\varphi_{s,e}} = \frac{d^2\phi}{dA_{s,e} \cdot d\Omega_{s,e} \cdot \cos\varphi_{s,e}} \qquad [L] = \frac{W}{sr \cdot m^2} \qquad (2\text{-}7)$$

Die Strahldichte für den Fall eines Detektors bezeichnet die Strahlungsleistung, die in ein Raumelement abgegeben wird, bezogen auf die vom Detektor gesehene Fläche unter dem Abstrahlungswinkel.

Neben der Temperatur des abstrahlenden Körpers bildet auch die Wellenlänge der emittierten Strahlung einen Einfluss auf die Strahldichte L_λ (Formel (2-8)).

$$L_\lambda = \frac{L}{d\lambda} \qquad [L_\lambda] = \frac{W}{sr \cdot m^3} \tag{2-8}$$

Aus den hier gegebenen Formeln (2-1) bis (2-8) wird ersichtlich, dass die Auswirkung der elektromagnetischen Strahlung eines Senders am Ort des Empfängers von verschiedenen Faktoren abhängig ist. Die Wellenlänge der elektromagnetischen Strahlung ist genauso entscheidend, wie das räumliche Verhältnis von Sender und Empfänger der Strahlungsleistung zueinander. [HERW19]

Für das laserunterstützte Tape-Verarbeiten mittels der hier betrachteten AFP-Systemen bedeutet dies, dass die Prozesstemperatur maßgeblich von charakteristischen Systemgrößen abhängig ist. Dazu gehören die Wellenlänge der eingebrachten Laserstrahlung, die eingesetzte Laserleistung, das Einstrahlverhältnis der Laserstrahlung auf die Prozesszone sowie die Bestrahlungsdauer der Prozesszone, die maßgeblich durch die Prozessgeschwindigkeit beeinflusst wird. Diese Einflussgrößen werden im weiteren Verlauf dieser Arbeit noch näher betrachtet und diskutiert.

2.5 Temperaturregelung und Bildverarbeitung für AFP

Temperature Control and Image Processing for AFP

In diesem Kapitel wird betrachtet, inwiefern Thermografie und insbesondere Temperaturregelung in AFP Prozessen in Forschung und Industrie Anwendung und Verbreitung finden und welche Konzepte existieren. Aus den in Kapitel 2.2 vorgestellten AFP-Systemen wird bereits ersichtlich, dass nur wenige dieser Systeme überhaupt eine Regelung einsetzen und sich diese meist auf einen einfachen PID-Regler beschränkt (siehe Kapitel 2.2.1 und 2.2.2).

Industriell eingesetzte Prozesse benötigen z.B. im Flugzeugbau absolute Qualitätskontrolle, sodass hier prinzipbedingt gesteuerte Prozesse zum Einsatz kommen, um Reproduzierbarkeit zu gewährleisten und Schwankungen zu minimieren. Eine Regelung kann allerdings auch bei eigentlich gesteuerten Prozessen zur Unterstützung während der Prozessentwicklung zum Einsatz kommen. In der Forschung und Entwicklung und anderen Branchen hingegen geht es häufig um kleine Stückzahlen, Prototypen und Prozessuntersuchungen. Eine aufwendige Prozesseinrichtung lohnt sich für solche Produkte meist nicht. Daher spielt eine Prozessregelung, die gute Ergebnisse liefern kann, eine große Rolle. Die eingesetzte Regelung muss keine perfekte Regelgüte über das komplette abgelegte Tape liefern, da viele FVK-Bauteile sowieso besäumt werden. [BREC14; SCHN14; SIEB19] Randbereiche von Laminaten, die z.B.

durch Thermoforming umgeformt werden, werden nach dem Umformen entfernt. Dennoch ist eine Fertigung nahe an der finalen Geometrie erstrebenswert.

Ob die erste Lage von gewickelten Ringen vollständig konsolidiert ist oder nicht, macht für mechanische Untersuchungen keinen nennenswerten Unterschied, solange die Geometrie innerhalb genormter Toleranzen liegt. Für gewöhnlich liegt diese bei mehr als der Dicke eines üblichen Tapes von z.B. d_T=0,15 mm. Gewickelte Rohre oder Riser werden ebenfalls an den Enden besäumt, da im Tape-Wickelprozess keine vollständig glatten Kanten erreicht werden. Außerdem werden Flansche angebracht, um sie mit anderen Teilen verbinden zu können. Das bedeutet, dass der verstrichene Zeitraum und damit das potenziell fehlerhaft bzw. nicht konsolidierte abgelegte Tape bis zum Erreichen des eingeregelten Zustands für das fertige Produkt im Fall der soeben beschriebenen Prozesse vernachlässigbar ist. [NIER15]

2.5.1 Temperaturregelungskonzepte

Concepts for Temperature Control

Um eine Prozesstemperatur zu regeln, existieren verschiedene klassische und moderne Regelungsmethoden. Im Folgenden werden einige ausgewählte und grundsätzlich geeignete Methoden diskutiert. Grundlage dieser Diskussion ist im Allgemeinen der betrachtete Regelkreis, bestehend aus der geschlossenen Regelstrecke, die ausgeregelt werden soll, sowie dem Regler, der die Regelabweichung auf der Regelstrecke bzw. dem geregelten Prozess minimieren soll. Ein vereinfachter Regelkreis ist in Abbildung 2.13 dargestellt.

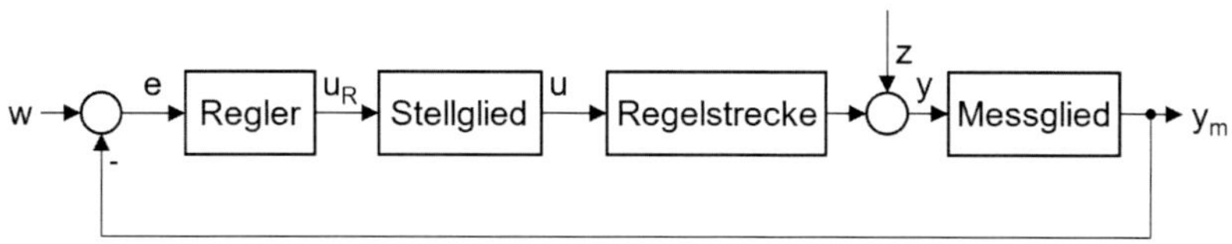

Abbildung 2.13: Regelkreis [CZIC12, S. I2]

Control Loop

Die Führungsgröße w(t) entspricht dem extern vorgegebenen Sollwert, der auf der Regelstrecke erreicht werden soll. Die Regelgröße $y_m(t)$ spiegelt den gemessenen Istwert wider, der idealerweise dem tatsächlichen Istwert y(t) entspricht. Die Regelabweichung e(t) wird aus der Differenz zwischen der Führungsgröße und der Regelgröße gebildet. Das vom Regler erzeugte Signal $u_R(t)$ wirkt auf ein Stellglied, welches die Stellgröße u(t) auf die Regelstrecke gibt. Die Störgröße z(t) kann den Regelkreis dabei zusätzlich beeinflussen. [CZIC12, S. I2-I3; ZACH17]

Die betrachtete Regelstrecke wird im späteren Verlauf der vorliegenden Arbeit diskutiert (siehe Kapitel 4 und 6.5.4). Der Regler kann beliebige Formen annehmen. Einige Möglichkeiten werden im Folgenden kurz vorgestellt und ihre Verwendung im automatisierten Tape-Verarbeiten diskutiert. Je nach Regelstrecke ist nicht jeder Regler in der

Lage, ein für den Prozess optimales Ergebnis zu erzielen. [UNBE08; UNBE09; ZACH17]

PID-Regler

Der PID-Regler zählt zu den klassischen Reglern. Formel (2-9) stellt die Differentialgleichung eines idealen PID-Reglers in Parallelstruktur dar:

$$u_R(t) = K_P \cdot \left[e(t) + \frac{1}{T_N} \cdot \int_0^t e(\tau) d\tau + T_V \cdot \frac{d}{dt} e(t) \right] \tag{2-9}$$

Darin enthalten sind die folgenden drei Anteile:

Proportionalanteil: $K_P \cdot e(t)$ (2-10)

Integralanteil: $\frac{K_P}{T_N} \cdot \int_0^t e(\tau) d\tau = K_I \cdot \int_0^t e(\tau) d\tau$ (2-11)

Differentialanteil: $K_P \cdot T_V \cdot \frac{d}{dt} e(t) = K_D \cdot \frac{d}{dt} e(t)$ (2-12)

Der PID-Regler reagiert entsprechend seiner drei Anteile auf die Regelabweichung. Der Proportionalanteil (P-Anteil, Formel (2-10)) verstärkt die Regelabweichung mit dem gegebenen Faktor K_P. Der Integralanteil (I-Anteil, Formel (2-11)) verstärkt die aufintegrierte Regelabweichung mit dem Faktor K_I. Der Differentialanteil (D-Anteil, Formel (2-12)) bildet die zeitliche Ableitung der Regelabweichung und verstärkt diese mit dem Faktor K_D. Durch Festlegung der in Formel (2-9) ersichtlichen Parameter K_P, T_N und T_V werden die Existenz und die Gewichtung der drei Anteile festgelegt. Dadurch können vier Varianten erzeugt werden, nämlich ein rein verstärkender Proportionalregler (P-Regler), ein Regler mit Proportionalanteil und Integralanteil (PI-Regler), ein Regler mit Proportionalanteil und Differentialanteil (PD-Regler) sowie der Regler mit allen drei Anteilen (PID-Regler). [CZIC12, S. I28-I30]

In realen Regelkreisen weisen die geregelten Aktuatoren ein nichtlineares Verhalten auf, da sie in ihrer Stellgröße limitiert sind. Erreicht die Stellgröße diese Limitierung bei vorhandener Regelabweichung, wird der geschlossene Regelkreis durchbrochen. Das Stellglied bleibt unabhängig von der Regelgröße bei ebendieser Limitierung stehen. Ein Integralanteil im Regler führt dabei zu einer kontinuierlichen Aufsummierung der bleibenden Regelabweichung ohne weitere Änderung der Stellgröße. Dieses Verhalten wird Wind-Up-Effekt genannt. [DÍAZ19, S.18–20]

Abbildung 2.14 veranschaulicht qualitativ den Wind-Up-Effekt. Zum Zeitpunkt t_1 steigt der Sollwert w(t) sprunghaft an. Bis zum Zeitpunkt t_2 steigt die Stellgröße u(t) bis zu ihrer Limitierung an. Bis zum Zeitpunkt t_3 steigt das vom Regler erzeugte Signal $u_R(t)$ auf Grund der vorhandenen Regelabweichung kontinuierlich an, während die Stellgröße u(t) in ihrer Limitierung u_{max} verbleibt. Zum Zeitpunkt t_3 fällt der Sollwert w(t) sprunghaft ab. Erst zum Zeitpunkt t_4 erreicht das vom Regler erzeugte Signal $u_R(t)$ wieder einen Wert, der unterhalb der Limitierung u_{max} der Stellgröße u(t) liegt. Über den Zeitraum $t=t_4-t_3$ wird dadurch trotz sprunghaft verändertem Sollwert w(t) keine Änderung der Regelgröße u(t) erreicht. [ÅSTR06, S.77] Eine sinnvolle Erweiterung eines PI-Reglers oder PID-Reglers ist daher eine Anti-Wind-Up-Schaltung. Diese kann z.B. durch ein Begrenzungsglied auf den Wertebereich des Stellgliedes nach dem Regler realisiert werden. Hier wird dann die Differenz zwischen dem begrenzten Signal u(t) und dem Signal des Reglers $u_R(t)$ gebildet und auf den Integralanteil des Reglers addiert, wodurch dieser in seiner Ausgangsgröße limitiert wird. Für die in Abbildung 2.14 dargestellte Veranschaulichung des Wind-Up-Effektes würde eine Anti-Wind-Up-Schaltung bedeuten, dass die dargestellte Größe $u_R(t)$ zu jedem Zeitpunkt t der dargestellten Stellgröße u(t) entspricht. Im hier betrachteten laserunterstützten Tape-Verarbeitungsprozess entspricht die Stellgröße u(t) der Laserleistung, die physikalisch auf einen systemabhängigen Maximalwert begrenzt ist.

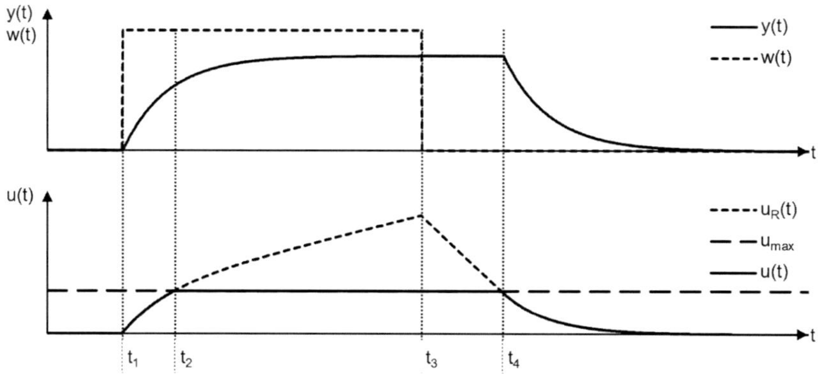

Abbildung 2.14: Veranschaulichung des Wind-Up-Effekts [ÅSTR06, S.77]

Illustration of the Wind-Up-Effect

In hochautomatisierten Fertigungsverfahren, wie dem laserunterstützten Tape-Verarbeiten, kommen häufig industrielle Steuerungssysteme zum Einsatz. Diese nutzen die digitale Verarbeitung von Daten in harten Echtzeitzyklen. Daher kommt in digitalen Systemen die zeitdiskrete Form des PID-Reglers zum Einsatz (siehe Formel (2-13)). Dabei steht k für den Abtastzeitpunkt und T_{AP} für die Abtastperiode als Kehrwert der Abtastfrequenz f_A.

$$u_R(k) = K_P \cdot \left[e_k + \frac{1}{T_N} \sum_{i=0}^{k-1} e_i \cdot T_{AP} + T_V \frac{e_k - e_{k-1}}{T_{AP}} \right] \qquad (2\text{-}13)$$

Für das automatisierte Tape-Wickeln nutzt KÖLZER in seiner Arbeit zwei PI-Regler, um sowohl die Leistung einer Laserstrahlquelle als auch den Einstrahlwinkel der Laserstrahlquelle in Abhängigkeit der Prozesstemperatur zu regeln. Betrachtet wird die Verarbeitung von kohlenstofffaserverstärkten PA12- und PEEK-Prepregs. Dabei setzt KÖLZER laut seinen Ausführungen eine betriebspunktabhängige Anpassung der Regelparameter ein. [KÖLZ08, S.87] Diese betriebspunktabhängige Anpassung bedeutet, dass die Parameter des Reglers als Rampe auf den Regler gegeben werden [KÖLZ08, S.118].

Nachteil des PID-Reglers für das laserunterstützte automatisierte Tape-Wickeln ist, dass der PID-Regler prinzipiell für jede Variation aus Prozessgeschwindigkeit, Tape-Material und gegebenenfalls Bauteilgeometrie optimiert werden müsste, da andernfalls unter Umständen keine optimale Regelgüte erreicht werden kann. [KÖLZ08, S.87; ZÖLL18, S.121] Dies ist insbesondere vor dem Hintergrund der relativ trägen Temperaturerfassung ([KÖLZ08, S.87]) durch das von KÖLZER eingesetzte Multi-Point-Radiometer relevant, das die Temperatur mit einer Frequenz von 8 Hz erfasst. [KÖLZ08, S.69] KÖLZER setzt zusätzlich zu dem Multi-Point-Radiometer außerdem noch Pyrometer mit einer Einstellzeit von 5 ms ein, die in den 125 ms zwischen zwei Radiometriebildern weitere Temperaturinformationen liefern [KÖLZ08, S.89]. Pyrometer haben hier den Nachteil, dass stets sichergestellt werden muss, dass sie mechanisch korrekt ausgerichtet sind und der Messfleck im korrekten Prozessbereich liegt, da es sonst zu Fehlmessungen kommen kann, da sie einen spezifischen Bereich erfassen und darüber einen Mittelwert bilden [KÖLZ08, S.117].

Auch das in der vorliegenden Arbeit genutzte Tape-Verarbeitungssystem am Fraunhofer IPT, sowie weitere dort vorhandene oder in der Vergangenheit genutzte Systeme setzen unter anderem PID-Regler für die Regelung der Laserleistung zur Einstellung der Prozesstemperatur ein. [DUBR15; ESCH01; STIM14; WERN18; KÖLZ08]

WERNER beschreibt in seiner Arbeit die Stärken und Schwächen des verwendeten PID-Reglers, der zwar nach der Beschleunigungsphase des Tape-Verarbeitungssystems auf Prozessgeschwindigkeit gute Ergebnisse liefert, aber während der Beschleunigungsphase Defizite aufweist. Dieser PID-Regler basiert auf ersten Ergebnissen der vorliegenden Arbeit. Das Tape wird in Bahnen mit definiertem Start- und Endpunkt abgelegt. Ein Sechsachs-Knickarmroboter übernimmt dabei die Positionierung und Bewegung des Tape-Legekopfes. Insbesondere während der Beschleunigungsphase können bei Verwendung des PID-Reglers starke Überschwinger in der Prozesstemperatur auftreten, die zu einer starken Degradation oder gar zu einem Entflammen des Tape-Materials führen können. [WERN18]

Fuzzy-Regler

Die Fuzzy-Regelung hat ihren Ursprung in der 1965 von ZADEH eingeführten Fuzzy-Logik [ZADE65]. Grundlage dieser Fuzzy-Logik ist eine Unschärfe, bei der Zustände nicht binär zum Beispiel als wahr oder falsch, sondern als stetig angenommen werden. Sie können sich also nicht zwingend nur als wahr oder falsch kategorisieren lassen. Die Fuzzy-Logik eignet sich damit zur Nachbildung menschlichen Denkens. [UNBE08, S.337] Fuzzy-Logik zeigt dort ihre Stärken, wo Regelstrecken nicht durch ein eindeutiges mathematisches Modell beschrieben werden können. [UNBE08, S.338]

Fuzzy-Regler basieren auf der Idee, menschliches Verhalten, also zum Beispiel das eines Maschinenbedieners oder Experten, durch linguistische Regeln nachzubilden [UNBE08, S.353]. Die Entwicklung eines Fuzzy-Reglers kann in die Schritte Fuzzifizierung, Inferenz und Defuzzifizierung unterteilt werden. Bei der Fuzzifizierung werden alle Prozessvariablen und Stellgrößen mit linguistischen Variablen und Zugehörigkeitsfunktionen beschrieben. Die Inferenz beschreibt die Bildung von logischen Schlussfolgerungen in Form von „Wenn-Dann-Beziehungen". Die Ausgangsgröße des Fuzzy-Reglers wird durch die Defuzzifizierung erzeugt, wobei die fuzzifizierten Eingangsvariablen unter Verwendung der Inferenz ausgewertet und dementsprechend in konkrete Werte transformiert werden.

In Bezug auf das laserunterstützte automatisierte Tapelegen könnte ein Fuzzy-Regler beispielsweise zur Adaption der Parameter eines PID-Reglers für verschiedene Arbeitspunkte und für die Regelung der Lasereinstrahlverhältnisse genutzt werden [KUKL17a]. Ein ähnliches Konzept, wenn auch ohne Fuzzy-Logik, verfolgt auch KÖLZER in seiner Arbeit, indem er die Reglerparameter während des Prozesses rampenförmig ansteigen lässt [KÖLZ08, S.87].

Modellprädiktive Regelung

Die Modellprädiktive Regelung (MPC) ist eine moderne Regelungsmethode [DITT09; ZHAN19]. Sie eignet sich zur Regelung komplexer, multi-variabler Prozesse, also Prozessen mit mehreren Einflussgrößen [DITT06]. Aus exemplarisch aufgenommenen Prozessdaten oder auch aus theoretischen Modellen wird ein zeitdiskret berechenbares Modell extrahiert, das bei einer Regelung zum Einsatz kommen kann [REUT08, S.391; ZACH17]. Je nach Güte der Daten und der Vorhersagbarkeit des Prozesses, lassen sich mit einer modellprädiktiven Regelung mehrere zukünftig aufeinanderfolgende diskrete Prozesszustände vorhersagen bzw. schätzen [DITT06].

Im Bereich der laserunterstützten automatisierten Tape-Verarbeitung existieren eine Reihe verschiedener Prozessmodelle, die sich für eine modellprädiktive Regelung einsetzen lassen. Insbesondere in den Arbeiten von AKKERMAN ET AL., GROUVE ET AL., SCHÄKEL ET AL. und STOKES-GRIFFIN ET AL. werden Modelle für das ATL-Verfahren diskutiert. [GROU10a; STOK12; STOK16a; SCHÄ17b; ZAAM17] Nachteil dieser Verfahren ist, dass das Modell natürlich nur den modellierten Prozess widerspiegelt und nicht ohne weiteres optimale Ergebnisse für alternative Prozessparameter oder Materialvariationen liefert. Zudem ist die Prädiktion je nach Umfang des Modells mit einem hohen Rechenaufwand belegt, der unter Umständen zwischen mehreren 100 Millisekunden für analytische Modelle und mehreren Sekunden für numerische Modelle liegt. [GROV88; GROU12, S.34; REIC16; REIC18; KOLL18; HOSS21; ZAAM21]

Die in den genannten Arbeiten präsentierten Modelle beziehen sich größtenteils auf die Intensitätsverteilung der Laserstrahlung über den Zwickelbereich des einlaufenden Tapes und modellieren die Prozesstemperatur.

STOKES-GRIFFIN betrachtet eine rein theoretische Modellbildung und untersucht in erster Linie die Auswirkungen unterschiedlicher Prozessparameter auf z.B. die mechanischen Eigenschaften des FVK-Bauteils. Eine Regelung der Prozessparameter über die gebildeten Modelle erfolgt in den betrachteten Arbeiten nicht. Grundlage für die experimentelle Analyse von STOKES-GRIFFIN bildet ein Tape-Legekopf der Firma AFPT GmbH (s. Kapitel 2.2.2). [STOK12; STOK15a; STOK15b; STOK16b; STOK16a; STOK17; STOK19]

GROUVE und AKKERMAN beschreiben ähnliche Prozessmodelle wie STOKES-GRIFFIN und unterscheiden dabei unter anderem in der Art der optischen Modellierung des Tape-Materials und wie Laserstrahlung davon reflektiert wird. Entwickelt und eingesetzt wurde eines dieser Modelle im Rahmen des durch das Fraunhofer IPT koordinierten EU-FP7 Projekts ambliFibre. Dieses Modell soll es ermöglichen, die Intensitätsverteilung der einfallenden Laserstrahlung zu regeln. Dazu kommt eine Zoom-Homogenisator-Optik mit einstellbarer Geometrie des Laserbrennflecks zum Einsatz. Genutzt wurde die Regelung im Rahmen des ambliFibre-Projekts für Tape-Wickelprozesse an einem Tape-Wickel-System am Fraunhofer IPT. [GROU13; PETE17a; SCHÄ17b; SCHÄ17a; REIC18; ZAAM19]

Ebenfalls im Rahmen des ambliFibre-Projekts entstanden die Arbeiten von HOSSEINI und ZAAMI, die sich ebenfalls unter anderem mit der Modellierung des laserunterstützten Tape-Wickelprozesses auseinandersetzten [HOSS21; ZAAM21].

Künstliche neuronale Netze

Künstliche neuronale Netze (KNN) sind eine Untergruppe des Themenfeldes der künstlichen Intelligenz (KI) [AWAD15, S.1]. KI versetzt Computersysteme in die Lage, Probleme zu lösen, für deren Lösung durch einen Menschen eine gewisse Intelligenz erforderlich ist [STYC17, S.2]. Die Informationsverarbeitung in künstlichen neuronalen Netzen ist der des menschlichen Gehirns nachempfunden [STYC17, S.132]. KNN sind in der Lage, nichtlineare Zusammenhänge aus großen Datenmengen oder komplexe Problemstellungen mathematisch darstellen zu können [KERS19, S.140; KRUS15, S.59; STYC17, S.143]. Sie können damit Zusammenhänge erschließen, die für einen Menschen mathematisch mangels detaillierter Problemkenntnis nicht beschreibbar sind oder deren analytische Berechnung zu viel Zeit beansprucht [CZIC12, S. I93; KRUS15, S.153]. Die hier genutzten Formelzeichen sind im Übrigen nicht mit denen aus der Abbildung des Regelkreises (Abbildung 2.13) zu verwechseln.

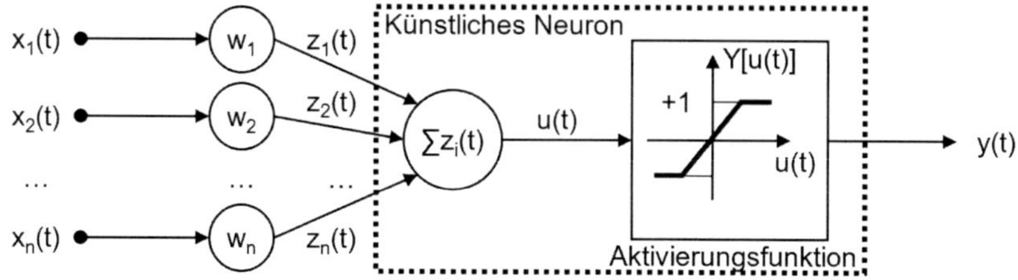

Abbildung 2.15: Signalverarbeitung in einem künstlichen Neuron (in Anlehnung an [STYC17, S.137])

Signalprocessing in an Artificial Neuron

Grundlage eines KNN sind die künstlichen Neuronen (Abbildung 2.15). Ein KNN besteht aus einer Vielzahl dieser künstlichen Neuronen, die über gerichtete Pfade miteinander vernetzt sind. Ein Neuron repräsentiert eine spezifische Aktivierungsfunktion und kann im Allgemeinen entweder aktiv (=1) oder inaktiv (=0 oder =-1) sein.

Wie in Abbildung 2.15 gezeigt, wird ein künstliches Neuron durch einen gewichteten Eingangsvektor X(t)*W(t) gespeist, aus dessen Summenfunktion über eine Aktivierungsfunktion das skalare Ausgangssignal erzeugt wird. Der mathematische Zusammenhang ist in den Formeln (2-14) und (2-15) dargestellt. Die Aktivierungsfunktion kann dabei sowohl eine lineare als auch eine nichtlineare Funktion sein. [STYC17, S.137]

$$u(t) = \sum_{i=1}^{n} w_i \cdot x_i(t) = \sum_{i=1}^{n} z_i(t) \tag{2-14}$$

$$y(t) = Y[u(t), \zeta] \text{ mit } \zeta \text{ als Aktivierungsfunktion} \tag{2-15}$$

Ein KNN besteht in der Regel aus einer Reihe von Eingangsneuronen in der Eingangsschicht und einer Reihe von Ausgangsneuronen in der Ausgangsschicht. Zwischen diesen beiden Schichten können beliebig viele Neuronen in weiteren versteckten Schichten liegen. Eine beispielhafte Darstellung eines KNN mit Eingangsschicht, Ausgangsschicht und zwei versteckten Schichten ist in Abbildung 2.16 gezeigt. Dort wird der Eingangsvektor gewichtet über die Neuronen der einzelnen Schichten an den Ausgangsvektor weitergegeben. [STYC17, S.153]

Den einfachsten Fall stellt allerdings das einschichtige KNN dar, ein sogenanntes Perzeptron, bei dem das gesamte Netz nur aus einem Neuron (siehe Abbildung 2.15) besteht [STYC17, S.144].

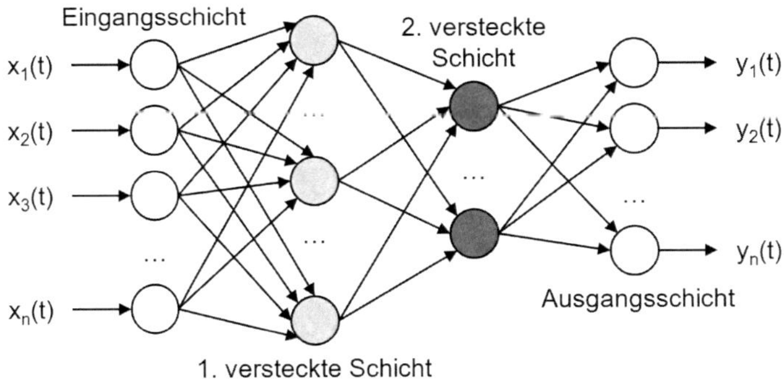

Abbildung 2.16: KNN mit zwei versteckten Schichten

Artificial Neural Network (ANN) with Two Hidden Layers

KNN können in verschiedenen Varianten und Ausprägungen implementiert werden. Jede davon hat Stärken und Schwächen, die sich je nach Einsatzszenario bemerkbar machen. Kategorisch unterschieden wird in drei Netztypen:

- Netze ohne Rückkopplung
- Netze mit Rückkopplung
- Kombinierte Netze

In Netzen ohne Rückkopplung laufen die Signale von der Eingangsschicht zur Ausgangsschicht. Die einzelnen Schichten haben keinen Zugriff auf Informationen ihrer vorangegangenen und nachfolgenden Schichten. In Netzen mit Rückkopplung können Schichten Informationen an vorangegangene Schichten zurückgeben und diesen damit weitere Informationen bereitstellen. Kombinierte Netze bestehen aus verschiedenen aufeinander folgenden Netzen mit und ohne Rückkopplung. [STYC17, S.144–147]

Genau wie das menschliche Gehirn muss ein künstliches neuronales Netz etwas lernen, bevor es eine „intelligente“ Entscheidung treffen kann. Dieses Lernen wird als Training bezeichnet. Unterschieden wird in vier verschiedene Trainingsmethoden [KERS19]:

- Überwachtes Lernen (supervised learning)
- Unüberwachtes Lernen (unsupervised learning)
- Bestärkendes Lernen (reinforcement learning)
- Stochastisches Lernen (stochastic learning)

Für das überwachte Lernen trainiert das KNN mit einem gegebenen Eingangsmuster. Dabei wird der Ausgangszustand ständig mit einem Sollzustand verglichen. Beim unüberwachten Lernen trainiert das KNN ebenfalls mit Eingangsmustern, muss aber selbstständig Muster und Zusammenhänge erkennen. Das bestärkende Lernen zeichnet sich ebenfalls dadurch aus, dass das KNN selbstständig Entscheidungen trifft, mit dem Ziel, seine Belohnung zu maximieren. Die Belohnung erfolgt nach einer definierten Zahl an Entscheidungen und beeinflusst die weitere Entscheidungsfindung als Nutzenfunktion durch positive oder negative Belohnung. Beim stochastischen Lernen wird mit einer zufälligen Suche im Gewichtsraum W versucht, eine Fehlerfunktion durch Variation der Gewichte zu minimieren. [KRUS15, S.31–32; STYC17, S.143–180]

Am Beispiel der Prozesstemperaturregelung könnte der Eingangsvektor eines KNN aus verschiedenen Prozessparametern, wie der Prozesstemperatur (Soll- und Ist-Wert), der Prozessgeschwindigkeit, dem Lasereinstrahlverhältnis und gegebenenfalls noch der Tape-Spannung sowie der Konsolidierungskraft bestehen. Die Laserleistung könnte dabei den Ausgangswert des KNN darstellen. Ein KNN kann im Regelkreis direkt als Regler eingesetzt werden.

Brüning et al. setzen maschinelles Lernen im laserunterstützten Tape-Legen ein. Es dient allerdings nicht der Prozessregelung, sondern dient dazu, Defekte im Laminat erkennen und klassifizieren zu können [BRÜN17]. Am Fraunhofer IPT wird maschinelles Lernen ebenfalls zur Qualitätssicherung im laserunterstützten Tape-Wickelprozess eingesetzt, um die Laminatqualität von gewickelten Rohren zu bewerten. Dies wurde im internationalen Forschungsprojekt „Intellipipe" umgesetzt [AZLA19a]. Weiterhin wurden am Fraunhofer IPT in der Vergangenheit bereits KNN für die Regelung in der laserunterstützten Tape-Verarbeitung erforscht, allerdings mangels ausreichender Rechenleistung verworfen [ROGG13].

Support Vector Machine

Support Vector Machines (SVM) sind neben KNN eine weitere Methode des maschinellen Lernens. SVM werden ebenfalls für die Mustererkennung bzw. die Klassifikation eingesetzt. Sie unterteilen einen gegebenen Vektorraum so, dass dieser durch eine Hyperebene oder bei nicht eindeutig klassifizierbaren Daten mehrdimensional durch eine Kernelfunktion in identifizierbare Bereiche unterteilt wird. Das Training einer SVM erfolgt mit eindeutig gelabelten Daten, die eine klare Klassifizierung ermöglichen. [NOBL06] Ein Merkmalsraum wie in Abbildung 2.17 kann für das menschliche Auge eindeutig und problemlos in zwei Klassen unterteilt werden. Die eingezeichneten Vektoren deuten allerdings bereits an, dass es für die lernende Maschine unendlich viele Möglichkeiten gibt, die Daten in zwei Klassen zu teilen. [AWAD15, S. 39 ff.]

In der laserunterstützten Tape-Verarbeitung ist die Problemstellung in erster Linie, wie sich Prozessdaten wie z.B. Temperaturdaten klassifizieren lassen, z.B. in „gut" oder „schlecht", und welche Abhängigkeiten dazu beachtet werden müssen. Dies resultiert je nach einbezogenen Parametern in einem hochdimensionalen Problem.

Ein Beispiel für den Einsatz einer SVM für Regelungsaufgaben automatisierten Tape-Verarbeiten ist zum Zeitpunkt der Entstehung dieser Arbeit nicht bekannt.

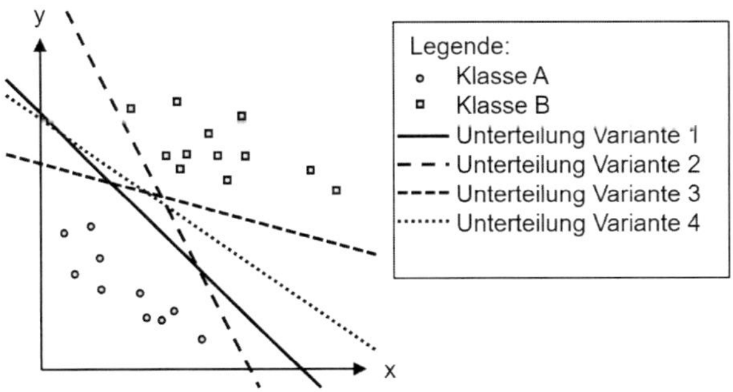

Abbildung 2.17: Unterteilung eines Merkmalsraumes in zwei Klassen
Division of a Feature Space in Two Classes

Support Vector Regression

Neben SVM existiert ebenfalls die Support Vector Regression (SVR). Im Gegensatz zur Klassifikation mit einer SVM eignet sich die SVR besonders zur Funktionsapproximation. Die Komplexität hängt dabei nicht von der Dimension des Eingangsvektors ab. Die SVR bietet eine breite Anwendbarkeit und schätzt Lösungen für sehr viele Probleme mit hoher Genauigkeit. [AWAD15, 67 ff.] Für Regelungsaufgaben könnte sich eine SVR gut eignen. Sie approximiert durch Regression einen Zusammenhang zwischen den verschiedenen Parametern im mehrdimensionalen Merkmalsraum und kann dabei auch nicht-lineare Zusammenhänge abbilden.

Ein Beispiel für den Einsatz einer SVR für Regelungsaufgaben im automatisierten Tape-Verarbeiten ist zum Zeitpunkt der Entstehung dieser Arbeit nicht bekannt.

2.5.2 Bildverarbeitung im Automated Fiber Placement

Image Processing for Automated Fiber Placement

Ziel dieser Arbeit ist, eine Temperaturregelung für das laserbasierte Tape-Verarbeiten auf Basis der optischen Temperaturerfassung über eine Thermografiekamera zu ermöglichen. Daher ist von Interesse, ob, wie und wo ähnliche Konzepte bereits existieren. Aus dem vorangegangenen Kapitel wird bereits ersichtlich, dass die AFPT GmbH in ihren Systemen Infrarot-Thermografie bzw. Radiometrie einsetzt. Ein weiteres Konzept wird durch das Institut für Fertigungstechnik und Werkzeugmaschinen der Gottfried Wilhelm Leibniz Universität Hannover erforscht. Im Folgenden werden Details zu diesen spezifischen Lösungen erläutert.

Bildverarbeitung zur Regelung in der Tape-Verarbeitung

Wie schon in Kapitel 2.2.2 dargestellt, basieren die Systeme von AFPT auf den Forschungsergebnissen von KÖLZER, die im Rahmen seiner wissenschaftlichen Tätigkeit am Fraunhofer IPT entstanden sind. Dort wird in der ersten Evolutionsstufe ein Multi-Point-Radiometer mit einer Auflösung von 16 x 16 Temperaturpunkten verwendet. Die Temperaturen werden mit einer Aufnahmefrequenz von 8 Hz erfasst. [KÖLZ08, S.69] Der für den Prozess betrachtete Bereich wird allerdings noch verkleinert, um Randeffekte zu verhindern und sicherzustellen, dass keine Bereiche neben dem verarbeiteten Tape erfasst werden. Dabei bildet ein Bereich von 14 x 14 Pixeln einen Prozessbereich von 40 x 40 mm² ab [KÖLZ08, S.75]. Für die Temperaturregelung erfolgt noch eine Datenreduktion auf eine 16 x 1 Matrix [KÖLZ08, S.85], da die Rechenkapazität des eingesetzten Systems nicht für eine automatische Kantenerkennung bei unterschiedlichen Tape-Breiten ausreicht [KÖLZ08, S.81].

In Arbeiten, die von Forschern an Versuchsanlagen vor Ort bei der AFPT GmbH oder mit einem von AFPT gelieferten Tape-Legeköpfen durchgeführt werden, ist häufig von einem gesteuerten Prozess mit konstanter Laserleistung die Rede. Die Prozesstemperatur wird nicht in einem geschlossenen Regelkreis geregelt. STOKES-GRIFFIN bspw. nutzt im Prozess eine Thermografiekamera vom Typ Xenics Gobi-640. Deren Temperaturdaten dienen allerdings nur der Erfassung der Temperaturhistorie und werden nicht in einen geschlossenen Regelkreis zurückgeführt. [STOK15a; STOK15b] Die von STOKES-GRIFFIN erreichte Prozessgeschwindigkeit beträgt 100 mm/s [ZINN20].

In einer weiteren Arbeit von COMER ET AL. wird ein System von AFPT mit einer nicht näher spezifizierten Thermografiekamera für den geschlossenen Temperaturregelkreis genutzt. Die Kamera ist dabei seitlich und schräg zur Prozesszone angeordnet. Die Regelungsmethodik ist nicht weiter ausgeführt und die experimentelle Betrachtung findet durch Thermoelemente innerhalb des abgelegten Substrats statt. [COME15]

Am Institut für Bauweisen und Strukturtechnologie am Deutschen Zentrum für Luft- und Raumfahrt (DLR) wird ebenfalls mit einem Tape-Wickelkopf von AFPT das laserunterstützte Tape-Wickeln und Tape-Legen erforscht. [CHAD18; CHAD19a] Dabei wird ebenfalls eine Thermografiekamera für die Temperaturerfassung im geschlossenen Regelkreis eingesetzt. Die eingesetzte Kamera ist auch hier nicht näher spezifiziert. Allerdings wird auf die Auswertung von drei Temperaturzonen für die Temperaturregelung hingewiesen. Die erreichte Regelgüte entspricht einer Genauigkeit von +/- 10°C bei einer Ablagegeschwindigkeit von 120 mm/s. [CHAD18] In einem weiteren am DLR eingesetzten Multi-Tape-System von AFPT kommt eine Kamera vom Typ Automation Technology GmbH IRS128-I zum Einsatz. Aus deren Bilddaten werden drei Temperaturzonen gemittelt, um die Temperatur über, unter und in Höhe des Zwickelbereichs zu erfassen. [CHAD19b; CHAD19a] Auf Basis dieser Temperaturen erfolgt auch dort die Regelung der Laserleistung zur Einstellung der Prozesstemperatur [CHAD19b].

In weiteren Arbeiten von BANDARU ET AL., CHANTELI ET AL. und PEETERS ET AL. werden ebenfalls Prozessergebnisse mit Hilfe eines Tape-Legekopfes von AFPT generiert. Dabei kommt ebenfalls eine Infrarotkamera nicht näher genannten Typs und ein nicht näher spezifizierter geschlossener Regelkreis für die Temperaturregelung im

Zwickelpunkt zum Einsatz. Die Prozessgeschwindigkeiten belaufen sich auf 50 mm/s. Versuche mit 100 mm/s scheiterten, da die Einschwingzeit der eingesetzten Regelung laut CHANTELI zu hoch war. Damit konnten kurze Tape-Sequenzen nicht mit ausreichender Regelgüte konsolidiert und somit keine ausreichende Laminatqualität erreicht werden. [BAND19; CLAN19; CHAN20; PEET20]

Der bekannte Entwicklungsstand des geschlossenen Regelkreises zur Prozesstemperaturregelung in Systemen der AFPT GmbH entspricht dem von KÖLZER entwickelten Regelkreis, der drei Temperaturpunkte in der Prozesszone erfasst. [KÖLZ08, S. 69, S. 87 ff.]

Die in den betrachteten Arbeiten mit der Regelung erreichten Prozessgeschwindigkeiten sind gering und entsprechen weitestgehend den Untersuchungen von KÖLZER. Die Temperaturerfassung kann systembedingt außerdem nicht in harter Echtzeit erfolgen, da zum Zeitpunkt der Veröffentlichungen kein System existiert, dass dies in Verbindung mit einer speicherprogrammierbaren Steuerung (PLC) leisten kann.

Bildverarbeitung zur Qualitätssicherung in der Tape-Verarbeitung

Am Institut für Fertigungstechnik und Werkzeugmaschinen der Leibniz Universität Hannover erforschte VÖLZER eine „Online-Prozessüberwachung von Automated Fiber Placement Prozessen auf Basis der Thermografie“. [DENK16; VÖLT18]

Der betrachtete Prozess behandelt die Verarbeitung duroplastischer Prepregs. [VÖLT18, S.22–23] Die Thermografie dient hierbei explizit nicht der Temperaturregelung im Prozess, da keine besonderen Ansprüche an die Temperierung dieser Materialien bestehen. Die finale Aushärtung erfolgt in einem Autoklav. Die Thermografie dient der Qualitätssicherung der Prepreg-Ablage und wird erst hinter der Prozesszone eingesetzt. Mit ihr sollen Defekte im Laminat, wie z.B. Überlappungen oder Lücken zwischen den abgelegten Tapes oder Verdrehungen der abgelegten Tapes ermittelt werden. [VÖLT18, S.24–25] Die Qualitätsüberwachung findet dabei parallel zum Prozess statt. Harte Echtzeitanforderungen gibt es nicht, da bei erkanntem Fehlerbild der Prozess angehalten wird und die Fehlstelle manuell durch einen Werker ausgebessert werden muss [VÖLT18, S.33]. Eine Rückführung der durch die Kamera erfassten Informationen in den Prozess findet nicht statt.

Weitere Anwendungen von Thermografie in laserbasierten Prozessen

Während das laserunterstützte Tape-Verarbeiten nur wenige bekannte Einsatzszenarien für die Temperaturregelung mittels Thermografie bereit hält, sind andere laserbasierte Fertigungsverfahren in der Literatur stärker vertreten. Diese Verfahren liegen nicht im Fokus der betrachteten Technologien und werden nicht weiter erläutert.

Zu diesen laserbasierten Fertigungsverfahren gehören unter anderem:

Additive Fertigungsverfahren:

- Laserauftragschweißen (Drahtbasiert oder Pulverbasiert)

Fügende Fertigungsverfahren:

- Laserschweißen
- Laserlöten

Materialbearbeitung:

- Laserhärten

Bei diesen Verfahren werden häufig Pyrometer bzw. Thermografiekameras zur Erfassung und Regelung der Temperatur der Wärmeeintragszone eingesetzt. Während beim laserunterstützten Tape-Verarbeiten Temperaturen von Raumtemperatur bis wenigen 100 °C interessant sind, sind bei der Metallverarbeitung Temperaturen von mehreren 100 °C bis weit über 1.000 °C zu beobachten. Die beobachteten Wellenlängen sind unter anderem auf Grund der höheren Temperaturen kürzer als beim laserunterstützten Tape-Verarbeiten. Daher können andere Sensoren zum Einsatz kommen, welche ohne weiteres Abtastraten von mehreren kHz bieten. Häufig anzutreffen sind hier Sensoren, die koaxial zum Laserstrahl in den Strahlengang eingekoppelt werden. Hier kommen CCD-Kameras und Thermografiekameras zur Prozessbeobachtung und Qualitätssicherung zum Einsatz. Die Thermografiekameras haben teilweise dieselben Eigenschaften wie die, die beim laserunterstützten Tape-Verarbeiten zum Einsatz kommen. Die meist punktförmige Prozesszone erfordert allerdings nicht zwangsweise eine hohe ortsaufgelöste Abtastung. Eine Prozessregelung erfolgt meist über schnelle Pyrometer, Quotientenpyrometer oder Photodioden. Der Regelungsalgorithmus wird in einer PLC, spezieller Software oder in speziellen Signalprozessoren durchlaufen und entspricht in vielen Fällen einem PI- oder PID-Regler. Häufig wird daraus direkt ein analoges Ausgangssignal für die Steuerung der Laserleistung generiert. Die Frequenz, mit der die Laserleistung angepasst wird, liegt in der betrachteten Literatur zwischen 10 Hz und 2 kHz. Eine Regelung der Prozesstemperatur ist hier also bereits sehr häufig anzutreffen, an komplexen Algorithmen zur Prozesstemperaturregelung oder zur Bildverarbeitung bei Einsatz einer Thermografiekamera fehlt es aber auch hier. [BECK04; BARD05; BURB10; BIRN11; KONU11; REIN11; ISLA13; ROFI16]

2.6 Fazit zum Stand der Technik in Forschung und Industrie

Summary of the State of the Art in Research and Industry

In den vorhergehenden Kapiteln wird dargestellt, dass der Markt für Anlagentechnologie zur Verarbeitung faserverstärkter thermoplastischer Tapes einige Anbieter und Maschinen für verschiedene Einsatzgebiete bereithält. [MTOR14; JANS17; FRAU18; CONB18; AFPT19a; FILL19; AUTO17; CORI19d; CORI19e; CORI19a; CORI19b; DIEF19] Unter diesen Tape-Verarbeitungssystemen befinden sich einige, in denen Laser zur Materialerwärmung eingesetzt werden. [BREC13; WERN14; AUTO17; AZLA18] Wiederum nutzen einige wenige unter diesen laserbasierten Systemen die Thermografie. [KÖLZ08; KUKL17a; VÖLT18] Innerhalb der letztgenannten Gruppe kommt die Thermografie in einer noch geringeren Anzahl an Systemen zur Regelung der Prozesstemperatur zum Einsatz. Die Thermografie kommt in den genannten Systemen am häufigsten zu Qualitätssicherungszwecken zum Einsatz.

Ein Großteil der Ergebnisse der vorgestellten Arbeiten und Veröffentlichungen aus der Forschung basiert auf Systemen der AFPT GmbH und des Fraunhofer IPT. [ESCH01; KÖLZ08; GROU10a; GROU10b; KÖLZ11; GROU12; BREC12; STOK12; GROU13; STEY13; BREC13; STIM14; STOK15b; DUBR15; STOK15a; KERM15; STOK16a; BREC16b; STOK16b; STOK17; KUKL17a; PETE17b; PETE17a; SCHÄ17a; JANS17; WERN18; SCHÄ19; STOK19; PETE20]

Verschnittoptimierte Prozesse und das lokale Verstärken haben strenge Anforderungen an eine Prozessregelung. Verschnittoptimierte Prozesse werden z.B. durch die in Kapitel 2.2.1 vorgestellten Anlagen ermöglicht. Davon können allerdings nur die „PrePro 2D“ des Fraunhofer IPT sowie die Ultra-Fast Consolidator Machine des AZL Aachen mit einer in-situ Konsolidierung durch einen laserbasierten Prozess aufwarten. Die Besonderheit der verschnittoptimierten Prozesse ist, dass das Tape „on-the-fly“, also in Bewegung und ohne Ansetzen im Stillstand appliziert wird. Dadurch entfallen Anlaufzeiten, die von einem quasistationären Prozess abweichen.

Für das lokale Verstärken von nicht-ebenen Bauteilen eignen sich robotergeführte Systeme, wie z.B. das „PrePro 3D“ des Fraunhofer IPT auf Grund der großen geometrischen Flexibilität. Auf Grund komplexer Bauteilgeometrien ist ein Applizieren „on-the-fly“ beim lokalen Verstärken oft nicht möglich. Das Tape wird unter der Konsolidierungsrolle des Tape-Verarbeitungskopfes am Startpunkt aufgesetzt und der Roboter beschleunigt auf Prozessgeschwindigkeit. Während der Beschleunigungsphase ist bereits eine korrekte Prozesstemperatur erforderlich und auch das bereits unter der Konsolidierungsrolle verdeckte Tape-Ende sollte konsolidiert sein. Dies wird in den gezeigten Systemen noch nicht realisiert. [ESCH01; KÖLZ08; STEY13; KERM15; DUBR15; WERN18; PETE20] JANSSEN hat aus diesen Gründen ein System bewusst so aufgebaut, dass der Erwärmungsprozess des Tapes auch in der Start- und Stopp-Phase des Prozesses möglichst stationär ist [JANS17; JANS20]. Bei solch einem möglichst stationären Prozess bedarf es keiner Prozesstemperaturregelung. Instationäre und lange Prozesse profitieren allerdings von einer Prozesstemperaturregelung.

Sowohl aus kostentechnischer Sicht als auch aus umwelttechnischen Aspekten, ist es dringend notwendig, Tapes applikationsgerecht aufzubringen und möglichst wenig Ausschuss, Verschnitt und Abfall zu erzeugen und eine hohe Bauteilqualität zu gewährleisten.

Die im Stand der Technik gezeigten Prozessgeschwindigkeiten der geregelten Prozesse sind ebenfalls stark verbesserungswürdig, um Produktionszeiten zu minimieren und die Auslastung der eingesetzten Systeme, wie Industrieroboter und Laser möglichst zu maximieren.

Zusammenfassend zeigen der Stand der Technik und die verfügbaren wissenschaftlichen Erkenntnisse im laserbasierten Tape-Verarbeiten die wissenschaftlichen Lücken auf und liefern die Voraussetzungen, diese Lücken wissenschaftlich zu schließen. So sollen die aufgeworfenen Fragen zur optimalen Prozesstemperaturregelung mit Hilfe von Thermografie sowie die Herausforderungen beim lokalen Verstärken in dieser Arbeit adressiert werden.

3 Zielsetzung, Aufgabenstellung und Vorgehensweise

Objectives, Tasks and Modus Operandi

Der Stand der Technik in Forschung und Industrie (siehe Kapitel 2) zeigt auf, dass sowohl die laserunterstützte Tape-Verarbeitung als auch auf Thermografie basierende Regelungskonzepte existieren. Dennoch lässt der Stand der Technik – wie in Kapitel 2.6 beschrieben – Lücken im Bereich der Prozessregelung, die es lohnt, durch wissenschaftliche Ansätze zu füllen. Auch eröffnen Fortschritte in Kameratechnologie, Bildverarbeitungssystemen und Systemtechnologien neue Potentiale.

Aufgabenstellung und Zielsetzung

Vor diesem Hintergrund und im Vergleich zum aktuellen Stand der Technik werden zwei Forschungsthesen formuliert:

1) *Eine auf den laserunterstützten Tape-Verarbeitungsprozess optimierte Prozesstemperaturregelung kann ohne zusätzlichen Bedieneraufwand selbstständig auf wechselnde Prozessbedingungen reagieren, ohne signifikante Einbußen bei ihrem Einschwingverhalten und der Regelgüte hinnehmen zu müssen.*

Hierbei wird der Fokus rein auf das bislang stärker betrachtete lokale Verstärken von Bauteilen gelegt.

2) *Eine ungekühlte Thermografiekamera hat den Nachteil einer geringen Bildwiederholrate, allerdings den Vorteil einer hohen Ortsauflösung. Die im Vergleich zu punktförmigen Messsystemen dazugewonnenen Ortsdaten können zur Optimierung des Regelkreises genutzt werden und diesen flexibler machen.*

Die zwei Forschungsthesen dienen im weiteren Verlauf dieser Arbeit der Beantwortung der übergeordneten Forschungsfrage:

Kann die Prozesstemperatur im laserunterstützten Tape-Verarbeitungsprozess mit seinen nicht-linearen Einflüssen prozesssicher und ohne weiteres Expertenwissen mit gängigen Industriestandards in Sachen Hard- und Software geregelt werden?

Ein sekundäres Ziel ist dabei, dass ein industriell nutzbares System entsteht, das die Produktivität und Produktionsqualität steigern kann. Das entstehende System soll außerdem robust mit wechselnden Prozessbedingungen umgehen können, was es auch zu bewerten gilt.

Vorgehensweise

Zu diesem Zweck werden im folgenden Kapitel 4 die systemtechnischen und thermodynamischen Grundlagen der laserunterstützten Tape-Verarbeitung diskutiert. Basierend auf den gewonnenen Erkenntnissen wird in Kapitel 5 eine Produktionsumgebung umgesetzt, die die notwendigen Schnittstellen und Fähigkeiten mit sich bringt, den Prozess mit maximaler Flexibilität regeln zu können. Mit diesem System wird der Prozess in Kapitel 6 zur Vorbereitung weiterer Schritte experimentell betrachtet. Aus den gewonnenen Versuchsdaten werden die notwendigen Erkenntnisse für die Umsetzung einer Regelungsstrategie extrahiert und in das Gesamtsystem eingebunden. Dazu gehört unter anderem die wissenschaftliche Auseinandersetzung mit den durch eine Thermografiekamera gewonnenen Prozessdaten, die die Grundlage für eine stabile Regelung bilden. Hierzu muss untersucht werden, welche Informationen aus den Thermografiebildern extrahierbar sind und wie diese zu interpretieren und zu nutzen sind. Aus diesen Erkenntnissen folgt die praktische Umsetzung einer Strategie zur digitalen Bildverarbeitung der Thermografiebilder. Die Wirkzusammenhänge des Regelkreises werden ebenfalls betrachtet. Für das Gesamtsystem sind insbesondere kurze Regelungszyklen und eine robuste Regelung von besonderem Interesse. Nach der gesamtheitlichen Umsetzung wird zu den gewonnenen Erkenntnissen sowie deren Umsetzung eine experimentelle Validierung (Kapitel 7) durchgeführt und deren Ergebnisse diskutiert. Abschließend werden die Ergebnisse dieser Arbeit zusammengefasst und ein Ausblick in die weitere mögliche Verwendung sowie weiteren Forschungsbedarf gegeben (Kapitel 8).

4 Laserunterstützte Tape-Verarbeitung und wichtige Prozessgrößen

Laser Assisted Tape Placement and Important Process Parameters

Bei der im Folgenden diskutierten laserunterstützten Tape-Verarbeitung wird der Fokus rein auf ein Fertigungssystem zur Herstellung potenziell dreidimensionaler Laminate gelegt. Das Fertigungssystem besteht dabei aus einem Sechs-Achs-Knickarmroboter (Industrieroboter) sowie einem daran als Werkzeug montierten Tape-Verarbeitungskopf. Genaue Spezifikationen der eingesetzten Subsysteme werden im späteren Verlauf genannt. Die mechanische Auslegung des Systems ist nicht Teil dieser Arbeit.

4.1 Übersicht des Tape-Verarbeitungsprozesses

Overview on Tape Processing

Der Tape-Verarbeitungsprozess, wie z.B. in einem System des Typs PrePro 3D vom Fraunhofer IPT, kann schematisch mit wenigen Komponenten wie in Abbildung 4.1 dargestellt werden. Abbildung 4.1 zeigt den Verlauf eines Tapes innerhalb des Tape-Verarbeitungskopfes bis zum Substrat, auf das es abgelegt wird. Von der Tape-Bevorratung gelangt das Tape durch diverse Führungselemente entlang verschiedener Sensoren durch eine Schneideinheit hindurch in die Prozesszone, wo es erwärmt, dem Substrat zugeführt und mit diesem verschweißt wird.

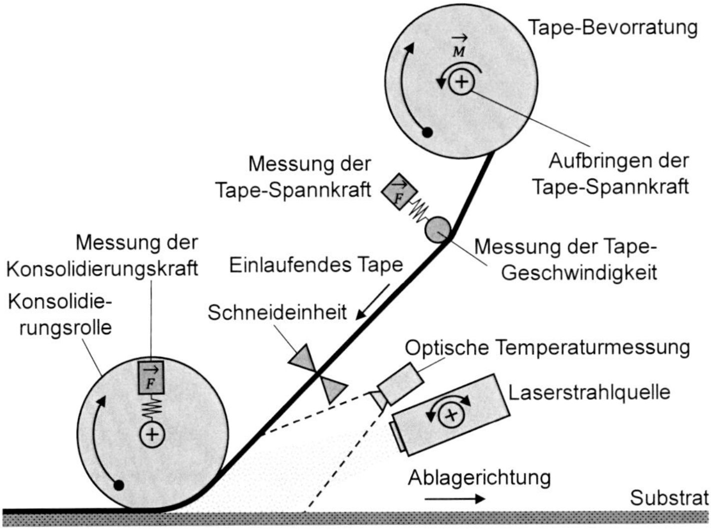

Abbildung 4.1: Darstellung typischer Elemente eines Tape-Verarbeitungskopfes
Schematic Depiction of Typical Elements of a Tape-Processing-Head

Eine CAD-Ansicht des in dieser Arbeit verwendeten Tape-Verarbeitungskopfes ist in Abbildung 4.2 dargestellt und entsprechend beschriftet.

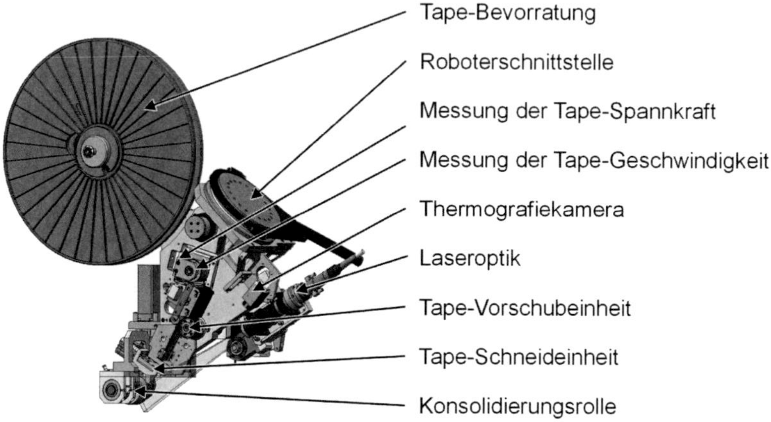

Abbildung 4.2: CAD-Ansicht des verwendeten Tape-Verarbeitungskopfes
CAD-View of the Tape-Processing-Head Used in this Work

Tape-Bevorratung

Eine Möglichkeit, genügend Tape für den Prozess vorrätig zu halten, ohne kontinuierlich Tape von außerhalb des Systems zuführen zu müssen, ist die Bevorratung auf Materialspulen. In dem „PrePro 3D“-System kommen Spulen der Firma Häfner zum Einsatz [WERN18, S.76]. Die maximal mögliche Menge an Tape auf einer solchen Spule lässt sich über Formel (4-1) abschätzen.

$$L_{Tape} = \frac{\pi \cdot (r_{Außen}^2 - r_{Innen}^2)}{d_{Tape}} \qquad [L_{Tape}] = mm \qquad (4\text{-}1)$$

Für einen Außendurchmesser von $r_{Außen}$=630 mm, einem Innendurchmesser r_{Innen}=160 mm und einer Tape-Dicke d_{Tape}=0,3 mm ergibt sich eine theoretische maximale Spulenkapazität L_{Tape} von ca. 3,88 km. Die real erreichbare Kapazität hängt vor allem von der Qualität der Wicklung ab.

Aufbringen der Tape-Spannkraft

Indem zwischen Konsolidierungsrolle und der Tape-Bevorratung eine mechanische Spannkraft aufgebracht wird, kann eine Streckung der Fasern induziert werden, die zu besseren mechanischen Eigenschaften eines Laminates führen kann. Die Tape-Spannkraft kann z.B. über eine elektromagnetische Hysteresebremse [KÖLZ08, S.93; STEY13, S.81; STIM14, S.87] oder einen Vier-Quadranten-Antrieb [WERN18, S.76] aufgebracht werden. Dabei ist es für die weitere Betrachtung unerheblich, ob das Tape direkt an der Tape-Bevorratung oder in seinem Verlauf durch den Tape-Verarbeitungskopf gebremst wird. Die Tape-Spannkraft ist bei Tape-Wickelprozessen von größerer Bedeutung als beim Tape-Legen, da beim Tape-Legen das Tape einzig durch die Konsolidierungskraft und nicht durch Umschlingung eines Wickelkörpers fixiert ist und diese Fixierung durch eine zu hohe Tape-Spannkraft unerwünscht aufgelöst werden könnte. [KÖLZ08, S.126; STIM14, S.16] Im hier eingesetzten PrePro 3D System kommt ein Vier-Quadranten-Antrieb zum Einsatz. [WERN18, S.76]

Messung der Tape-Spannkraft

Um die Tape-Spannkraft auf einen gewünschten Wert regeln zu können, muss diese durch eine Messung bekannt sein. Dies ist über Kraftmesssensoren oder Drehmomentsensoren möglich. Im PrePro 3D System wird das einlaufende Tape um eine Umlenkrolle geführt, an der senkrecht zum Tape-Verlauf eine Kraftmessdose angebracht ist. Darüber wird die auf das Tape eingebrachte Kraft zwischen Tape-Bevorratung und Konsolidierungsrolle gemessen. [WERN18, S.77]

Messung der Tape-Geschwindigkeit

Die Geschwindigkeit, mit der das Tape durch den Tape-Verarbeitungskopf geführt wird, kann z.B. mittels eines Drehgebers am vorbeilaufenden Tape gemessen werden. Die Verarbeitungsgeschwindigkeit ist in erster Linie durch das Robotersystem gegeben und damit bekannt. Die Verarbeitungsgeschwindigkeit entspricht im Regelfall der Tape-Geschwindigkeit. Mit der zusätzlichen Messung der Tape-Geschwindigkeit lassen sich z.B. Relativbewegungen zwischen einlaufendem Tape und dem Substrat detektieren, die z.B. auf mangelnde Konsolidierung und ein Durchrutschen des Tapes oder gar einen Tape-Abriss hindeuten. Im Fehlerfall können Tape-Geschwindigkeit und Verarbeitungsgeschwindigkeit differieren. Außerdem sind Pfadabweichungen auf Grund der Systemgenauigkeit und der Bahninterpolation des eingesetzten Industrieroboters möglich.

Tape-Schneideinheit

Beim lokalen Verstärken von Bauteilen mit FVK-Tapes, sind definierte Anfangs- und Endpunkte unerlässlich, um einen hohen Automationsgrad erreichen zu können. Dazu muss das Tape am Ende der Ablagebahn geschnitten werden. Ein pneumatisch angetriebenes Messer durchtrennt das Tape in einem definierten Abstand kurz vor der Konsolidierungsrolle. Die Präzision des Schneidzeitpunktes beeinflusst dabei direkt den Verschnitt am Ende des Tape-Bahn. Dies ist logisch mit der Tape-Geschwindigkeit verknüpft. Je höher die Geschwindigkeit, desto mehr Tape wird pro Zeiteinheit abgelegt. Bei einer theoretischen Geschwindigkeit von v_{Tape}=1 m/s wird in einer Millisekunde bereits 1 mm Tape abgelegt.

Konsolidierungsrolle

Die Konsolidierungsrolle dient dazu, das einlaufende und aufgeschmolzene Tape auf das aufgeschmolzene Substrat zu pressen. Dadurch wird eine Konsolidierungskraft aufgebracht, die für gute Konsolidierungsergebnisse mit verantwortlich ist. Ohne eine ausreichend hohe Konsolidierungskraft fehlt eventuell der direkte Kontakt zwischen Tape und Substrat, wodurch dann keine ausreichende Vernetzung der beiden Kunststoffoberflächen erreicht werden kann. Auch bei Multi-Material-Kombinationen ist die Konsolidierungskraft von großer Bedeutung. [PETE20, S.60] Auf der Konsolidierungsrolle kommt ein flexibler Silikonmantel zum Einsatz, der für eine optimale Kraftverteilung auf dem abgelegten Tape sorgt [STEY11].

Thermografiekamera

Für die Regelung der Prozesstemperatur ist in einem ersten Schritt die Erfassung der Prozesstemperatur wichtig. In dieser Arbeit wird eine Thermografiekamera vom Typ Flir A35 eingesetzt (Abbildung 4.3). [FLIR16; FLIR19]

Abbildung 4.3: Flir A35 Infrarot-Thermografiekamera [FLIR19]
Flir A35 Infrared Thermal Imaging Sensor

Die Flir A35 zeichnet sich durch ihre kompakte Bauweise aus, wodurch sie sich gut in den beengten Bauraum des Tape-Legesystems integrieren lässt. Ihre Empfindlichkeit im Wellenlängenbereich von 7,5 µm bis 13 µm eignet sich sehr gut für die Beobachtung des laserunterstützten Tape-Verarbeitungsprozesses [ADIB19] und befindet sich weit außerhalb des Wellenlängenbereichs des eingesetzten fasergekoppelten Diodenlasers, wodurch dessen Infrarotstrahlung nicht erfasst wird. Mit einer Bildwiederholrate von 60 Hz und einer Auflösung von 320x256 Bildpunkten liefert sie eine hinreichende Informationsmenge für die Regelung des Prozesses. Die Erfassung der Infrarot-Strahlung erfolgt durch ein Array von Mikrobolometern aus Vanadiumoxid. [FLIR16; FLIR19] Als Kommunikationsschnittstelle wird in der Flir A35 der GigE-Vision Standard in Verbindung mit der GenICam Konfigurationsschnittstelle genutzt [ASSO20]. Die wichtigsten technischen Daten der Flir A35 sind in Tabelle 4.1 zusammengefasst.

Tabelle 4.1: Wichtige technische Daten der Flir A35 [FLIR19]

Important Technical Data of the Flir A35

Bildgebung und optische Daten	
IR-Auflösung	320 px x 256 px
Thermische Empfindlichkeit / NETD	< 0,05 °C bei 30 °C / 50 mK
Bildfrequenz	60 Hz
Sichtbereich	48° x 39° bzw. 13° x 10°
Fokus	Fest
Detektordaten	
Detektortyp	Ungekühlte VOx-Mikrobolometer
Spektralbereich	7,5 µm bis 13 µm
Detektor-Zeitkonstante	12 ms (typisch)
Messung	
Objekttemperaturbereich	-40 °C bis 550 °C
Messgenauigkeit	±5 °C oder ±5 % vom Ablesewert
Mechanische Daten	
Abmessungen (**L**änge **x** **B**reite **x** **H**öhe)	104,1 mm x 49,6 mm x 46,6 mm

Im Verlauf der vorliegenden Arbeit kommen zwei Varianten der Flir A35 zum Einsatz. Während der Prozessversuche in Kapitel 6 kommt eine Kamera mit einem Sichtbereich von 48° x 39° zum Einsatz, die für die spätere Prozessvalidierung in Kapitel 7 allerdings nicht mehr zur Verfügung steht, weshalb eine weitere Variante der Flir A35 mit einem Sichtbereich von 13° x 10° zum Einsatz kommt. Auf die inhaltliche Aufarbeitung hat dies keine Auswirkung und bekräftigt die große Flexibilität der hier entwickelten Lösung.

Laserquelle

Als Heizsystem kommt in dieser Arbeit ein Diodenlaser der Firma Laserline GmbH vom Typ LDF 3000-40 VGP zum Einsatz [LASE13]. Seine Leistungsdichte von $\frac{\mathrm{dP}}{\mathrm{dA}} = 158{,}65\,\frac{\mathrm{W}}{\mathrm{cm}^2}$, bezogen auf den Fokuspunkt der eingesetzten Homogenisierungsoptik, ermöglicht hohe Prozessgeschwindigkeiten. Durch seine schnelle Regelbarkeit mit theoretischen Anstiegszeiten der Laserleistung von ca. 1 ms eignet er sich potenziell sehr gut für die Temperaturregelung im Tape-Verarbeitungsprozess. [ESCH01, 17 ff.; SCHL09]

Der Laserstrahl wird durch eine fasergekoppelte Homogenisierungs- und Kollimationsoptik auf den Prozessbereich fokussiert. Die wichtigsten technischen Daten des verwendeten Systems sind in Tabelle 4.2 gelistet. Die Optik kann längs des einlaufenden Tapes in einem gewissen Bereich geschwenkt werden und so den Laserbrennfleck in Richtung einlaufendes Tape oder in Richtung Substrat verschieben (siehe Abbildung 4.1).

Tabelle 4.2: Wichtige technische Daten des Lasersystems [LASE13]

Important Technical Data of the Laser System

Laser	
Wellenlängenbereich	900 nm bis 1.080 nm
Leistungsbereich (minimal / steuerbar)*	0 W / 300 W bis 3.300 W
Optik	
Fokuslänge	400 mm
Spotgröße im Fokuspunkt **(Höhe x Breite)**	67 mm x 32 mm
Optikgröße	1 Zoll

**: Im Bereich zwischen 0 % bis ~10 % der maximalen Laserausgangsleistung weist die Leistungskennlinie des Lasers keinen linearen Verlauf auf, wodurch eine spezifische Steuerbarkeit erst ab 10 % der maximal abrufbaren Leistung gewährleistet werden kann.*

4.2 Diskussion von Prozessgrößen mit Einfluss auf die Temperaturregelung

Discussion of Process Parameters with Influence on Process Temperature Control

Um den Einfluss verschiedener Prozessgrößen auf die Prozesstemperatur herleiten zu können, ist ein grundlegendes Verständnis der verschiedenen Prozessphasen wichtig. Abbildung 4.4 zeigt die verschiedenen Prozessphasen des laserunterstützten Tape-Verarbeitungsprozesses. [STEY13, S.39] Abbildung 4.4 ist an die schematische Darstellung in Abbildung 4.1 angelehnt. Der Temperaturverlauf zwischen den diskret dargestellten Temperaturmesspunkten im Diagramm in Abbildung 4.4 ist linear interpoliert. Der Temperaturverlauf an einem festen Punkt sowohl auf dem einlaufenden Tape als auch auf dem vorhandenen Substrat wird betrachtet. Beide Punkte befinden sich äquidistant zum Berührpunkt, bewegen sich innerhalb des Prozesses auf den Berührpunkt zu und treffen zeitgleich unter der Konsolidierungsrolle zusammen. Der Laser strahlt der Einfachheit halber zu gleich groß angenommener Anteile auf einlaufendes Tape und Substrat.

Die Punkte auf Tape und Substrat befinden sich zum Zeitpunkt $t=t_0$ beide außerhalb des Einstrahlbereichs des Lasers. Bei kontinuierlicher Bewegung mit konstanter Geschwindigkeit v_{Tape} treten beide Punkte zum Zeitpunkt $t=t_1$ in den Einstrahlbereich des Lasers ein. Die Temperatur in beiden Punkten steigt an. Da beide Materialien der Wärmeleitung unterliegen und Tape und Substrat unterschiedliche Eigenschaften (z.B. Material, Temperatur, Umgebung) haben können, weicht die erreichte Temperatur in beiden Punkten voneinander ab. Bis kurz vor den dargestellten Zeitpunkt $t=t_5$ steigt die Temperatur in beiden Punkten bis zum lokalen Maximum an. Zum Zeitpunkt $t=t_5$ treten beide Punkte in einen Bereich unter der Konsolidierungsrolle ein, der vor der Laserstrahlung abgeschattet ist. Hier sei vereinfachend angenommen, dass dieser Zeitpunkt für einlaufendes Tape und Substrat gleich ist. Dementsprechend sinkt die Temperatur um einen gewissen Betrag. Zum Zeitpunkt t=t6 befinden sich beide Punkte mittig unter der Konsolidierungsrolle, wo Wärme weiterhin nur noch durch Wärmeleitung eingebracht wird. Durch den innigen Kontakt aufgrund des großen Konsolidierungsdrucks wird die Wärme allerdings stärker in das umliegende Material geleitet, da ein guter mechanischer Kontakt zwischen Konsolidierungsrolle, einlaufendem Tape, Substrat und ggf. Werkzeugform sichergestellt ist.

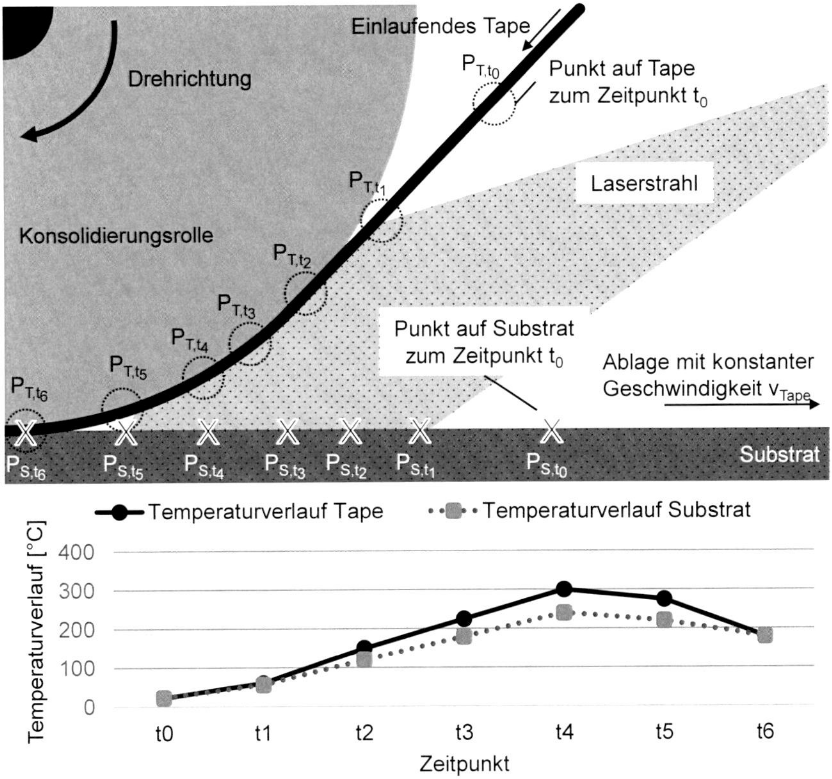

Abbildung 4.4: Qualitativer Temperaturverlauf auf Tape und Substrat im relevanten Prozessbereich (in Anlehnung an [STEY13])

Qualitative Temperature Profile on Tape and Substrate within the Relevant Process Zone

Der physikalische und chemische Vorgang der Konsolidierung lässt sich mit den etablierten Teilmodellen Autohäsion und Lagenkontakt beschreiben [STEY13, S.40]. Der Lagenkontakt zwischen Tape und Substrat wird grundlegend durch DARA und LOOS [DARA85] modelliert und durch weitere Arbeiten von LEE und SPRINGER [LEES87], sowie YANG und PITCHUMANI [YANG03] erweitert. Die Autohäsion lässt sich mit dem Reptationsmodell von DE GENNES beschreiben [GENN71]. Andere Arbeiten, wie z.B. von

STEYER befassen sich bereits intensiv mit diesen Modellen, so dass an dieser Stelle darauf verzichtet wird.

JANSSEN weist in seiner Arbeit auf Abweichungen in den soeben genannten Modellen hin und begründet diese damit, dass hydrodynamische Effekte und Walkbewegungen bei der Tape-Ablage einen Einfluss auf das Verschweißen der Matrix haben. Diese Einflussfaktoren werden in den genannten Modellen allerdings vernachlässigt, da diese nur von statischen Pressprozessen ausgehen. [JANS20]

Auch wenn der für das Bauteil wichtige Konsolidierungsvorgang erst nach der Aufheizphase nach Zeitpunkt $t=t_5$ beginnt, ist für die Erfassung und Regelung der Prozesstemperatur einzig der beobachtbare und beeinflussbare Aufheizbereich von Relevanz. Temperaturprozesse, die nach dem Verlassen des Lasereinstrahlbereich stattfinden, könnten modelltheoretisch vorhergesagt werden [KÖLZ08; STEY13; KERM15], werden hier aber nicht weiter betrachtet.

4.2.1 Verarbeitungstemperatur und Laserleistung

Processing Temperature and Laser Power

Bei der Anwendung automatisierter Tape-Verarbeitungsprozesse kann eine Verschweißung thermoplastischer Kunststoffe nur stattfinden, wenn die Oberfläche schmelzförmig wird, sobald die Schmelztemperatur $T_{Schmelz}$ überschritten wird. Maßgeblich beeinflusst wird die erreichte Verarbeitungstemperatur durch die eingesetzte Laserstrahlung und deren Leistung. [ESCH01; KÖLZ08; STEY13; KERM15; DUBR15; WERN18; JANS20; PETE20] Neben den in Abbildung 2.1 gezeigten qualitativen Einsatztemperaturen verschiedener thermoplastischer Kunststoffe, ist für den Verarbeitungsprozess die tatsächliche Schmelztemperatur ausschlaggebend. [KERM15] Tabelle 4.3 listet die Schmelztemperaturen einiger der in Abbildung 2.1 gezeigten Thermoplaste, die im laserunterstützten Tape-Verarbeiten verwendet werden. Da es unter demselben Handelsnamen Kunststoffe mit unterschiedlichen Eigenschaften gibt, sind die Schmelztemperaturwerte als Richtwerte zu interpretieren. Die Werte beziehen sich jeweils auf die gegebene Quelle.

Tabelle 4.3: Schmelztemperaturen einiger ausgewählter Thermoplaste

Melting Temperatures of Selected Thermoplastics

Abkürzung	Name	Schmelztemperatur [°C]
PE-HD	Polyethylen High Density	130 [KUNS16]
PP	Polypropylen	160 [DOMI12, S.227]
PA12	Polyamid 12	162–175 [DOMI12, S.610]
PVDF	Polyvinylidenfluorid	171 [DOMI12, S.588]
PA6	Polyamid 6	230 [DOMI12, S.610]
PA66	Polyamid 66	255 [DOMI12, S.610]
PPS	Polyphenylensulfid	285 [DOMI12, S.927]
PEEK	Polyetheretherketon	340 [DOMI12, S.953]

Die Temperatur des verarbeiteten FVK-Werkstoffs wird im laserunterstützten Tape-Verarbeitungsprozess im Bereich der Prozesszone durch die eingesetzte Laserleistung erhöht. Die Laserstrahlung trifft auf die Werkstoffoberfläche, wird absorbiert und bewirkt dort eine lokale Temperaturerhöhung. Die Laserstrahlung wird hier in Form eines rechteckigen Laserbrennflecks in die Prozesszone eingestrahlt (s. Tabelle 4.2).

Die Intensitätsverteilung innerhalb dieses rechteckigen Profils entspricht einer Top-Hat-Intensitätsverteilung. Eine Top-Hat-Intensitätsverteilung zeichnet sich dadurch aus, dass sie eine sehr gleichmäßige Intensitätsverteilung über das Profil aufweist. Die Ränder des Top-Hat-Profils sind durch einen steilen Flankenabfall charakterisiert. Eine Darstellung der approximierten Intensitätsverteilung der eingesetzten Laseroptik im Fokuspunkt befindet sich in Abbildung 4.5. Anhand des Intensitätsprofils kann die Leistungsdichte über den Lasereinstrahlbereich als nahezu konstant angenommen werden. Dies ist auch dadurch gewährleistet, dass die maximal einsetzbare Tape-Breite in dem verwendeten System mit b_{Tape}=1 Zoll bzw. 25,4 mm schmaler ist als die Breite des Top-Hat-Profils $b_{Top\text{-}Hat\text{-}Profil}$=37 mm im Fokuspunkt und somit die Unschärfe im Randbereich im Prozess nicht zum Tragen kommt.

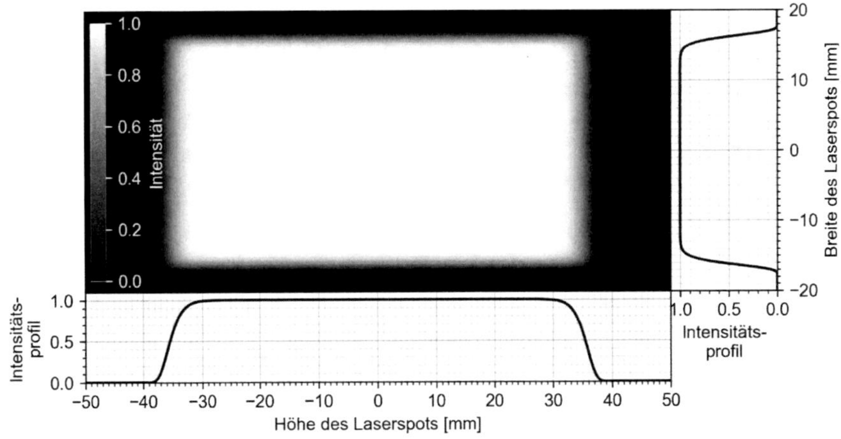

Abbildung 4.5: Darstellung der Intensitätsverteilung der Laseroptik im Fokuspunkt
Depiction of the Top-Hat-Profile of the Laser-Optics in the Focal Plane

4.2.2 Einstrahlverhältnisse

Irradiation Ratios

Bei der Verarbeitung thermoplastischer Tapes ist es von Vorteil, wenn das Einstrahlverhältnis des Top-Hat-Profils der Laseroptik zwischen einlaufendem Tape und bereits abgelegtem Substrat angepasst werden kann. Die Notwendigkeit dieser Adaptierbarkeit wird mit einem einfachen Beispiel klar:

Es soll ein Ring aus endlosfaserverstärktem thermoplastischem Tape auf einen rotationssymmetrischen, kreisrunden Wickelkern gewickelt werden. Der Tape-Wickelkopf verharrt dabei konstant an der gleichen Raumposition über der Oberfläche des Wickelkerns und wird nur an die in Abhängigkeit der Lagenzahl ansteigende Wandstärke des gewickelten Rings angepasst. Der Laser bestrahlt sowohl das einlaufende Tape als auch den gewickelten Ring. Während das einlaufende Tape jeweils aus dem Materialspeicher kommt und bei Einlauf in die Prozesszone in etwa Raumtemperatur hat, erfährt der Ring einen konstanten Wärmeeintrag und erhitzt sich kontinuierlich. Um ein Überhitzen zu verhindern, könnte nun einfach die Leistung verringert werden. Das kann allerdings dazu führen, dass das einlaufende Tape auf Grund verringerter Leistung nicht mehr die Schmelztemperatur erreicht, da die Leistungsdichte über das eingesetzte Top-Hat-Profil nahezu konstant und örtlich nicht variabel ist. Um eine ungünstige Temperaturverteilung zu vermeiden, kann der Laserstrahl entlang des Tapes geschwenkt werden und so zu einem größeren Anteil auf das einlaufende Tape strahlen als auf das abgelegte Substrat. Dadurch kann sichergestellt werden, dass weder das Substrat überhitzt noch, dass das einlaufende Tape nicht die erforderliche Prozesstemperatur erreicht.

Tabelle 4.4: Einstellbarkeit der Einstrahlverhältnisse

Adaptivity of the Irradiation Ratio

Einstrahlwinkel L_A	Anteil Tape L_T	Anteil Substrat
-3,0°	30,1 %	69,9 %
0,0°	50 %	50 %
2,0°	63,1 %	36,9 %

Die systemspezifischen Möglichkeiten, die das eingesetzte Tape-Verarbeitungssystem hinsichtlich der Adaptierbarkeit der Einstrahlverhältnisse bietet, sind in Tabelle 4.4 gelistet. Tabelle 4.4 zeigt die Einstrahlverhältnisse auf einlaufendem Tape und Substrat für die beiden Extremstellungen sowie die Mittelstellung (Geometriemodell basierend auf WERNER [WERN18]). Dies ist in Abbildung 4.6 veranschaulicht. Beliebige Zwischenschritte in Abhängigkeit der mechanischen Auflösung der ansteuernden Elemente sind ebenfalls möglich.

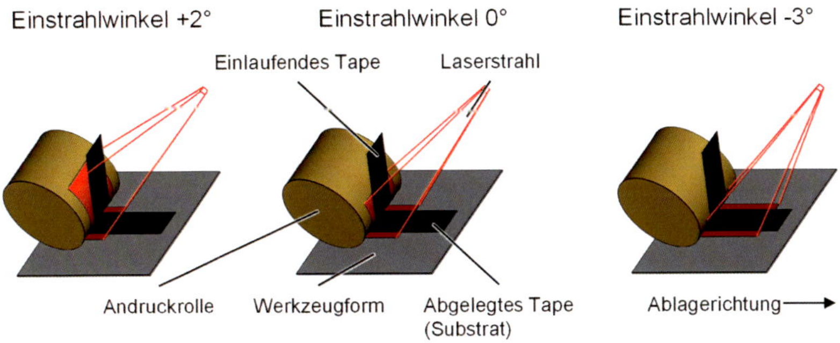

Abbildung 4.6: Darstellung verschiedener Einstrahlwinkel

Depiction of Different Irradiation Angles

Da die Winkelangaben systemspezifisch sind, wird im späteren Verlauf nach Möglichkeit auf die prozentualen Anteile des Laserbrennflecks auf dem Tape zurückgegriffen, da dies einer besser verständlichen Darstellung der Werte entspricht (siehe Tabelle 4.4).

4.2.3 Verarbeitungsgeschwindigkeit

Process Velocity

Neben der eingestrahlten Laserleistung sowie dem eingestellten Einstrahlverhältnis durch den Lasereinstrahlwinkel hat auch die Verarbeitungsgeschwindigkeit v_{Tape} einen entscheidenden Einfluss auf die Prozesstemperatur. Bezogen auf die laserunterstützte Tape-Verarbeitung bezeichnet die Verarbeitungsgeschwindigkeit die Geschwindigkeit des Tape-Verarbeitungskopfes über der Werkzeugform. Die Verarbeitungsgeschwindigkeit beeinflusst unter anderem den Materialdurchsatz n_{Tape}, der von den Tape-Eigenschaften wie Dicke, Breite, Faservolumengehalt, Faserart und Thermoplast abhängig ist. Je höher die Verarbeitungsgeschwindigkeit im Prozess ist, desto kürzer ist die effektiv mögliche Einstrahldauer der Laserstrahlung auf das Tape-Material bzw. das Substrat. Je kürzer somit die Dauer des Energieeintrags durch eine konstante Laserleistung auf das Material ist, desto geringer ist die während der Bestrahlungsdauer maximal erreichbare Prozesstemperatur. [WEIL19] Dies entspricht den Simulationsergebnissen von KOELZER und STEYER, die ebenfalls einen direkten Zusammenhang zwischen Temperatur, Laserleistung und Verarbeitungsgeschwindigkeit aufzeigen [KÖLZ08; STEY13].

Die korrekte Verarbeitungstemperatur im Zwickelpunkt wird im idealen Gleichgewicht zwischen Laserleistung, Lasereinstrahlwinkel und Verarbeitungsgeschwindigkeit erreicht. Dieser Zusammenhang wird im folgenden Kapitel theoretisch betrachtet.

4.2.4 Thermodynamische Betrachtung

Thermodynamic Discussion

Die Zusammenhänge zwischen Laserleistung, Einstrahlwinkel und Verarbeitungsgeschwindigkeit lassen sich durch die Gesetze der Thermodynamik beschreiben. Da von einer homogenen Intensitätsverteilung über die Tape-Breite auszugehen ist, werden die in Abbildung 4.7 dargestellten Wärmeströme in die thermodynamische Betrachtung mit einbezogen. Die dargestellte Laserquelle liefert hierbei den einzigen Wärmeeintrag. Die Konsolidierungsrolle ist in der gezeigten Betrachtung auf eine konstante Temperatur temperiert und das Substrat – hier ein Organoblech auf einer massiven Aluminiumplatte als Werkzeugform – wird ebenfalls mit konstanter Temperatur approximiert.

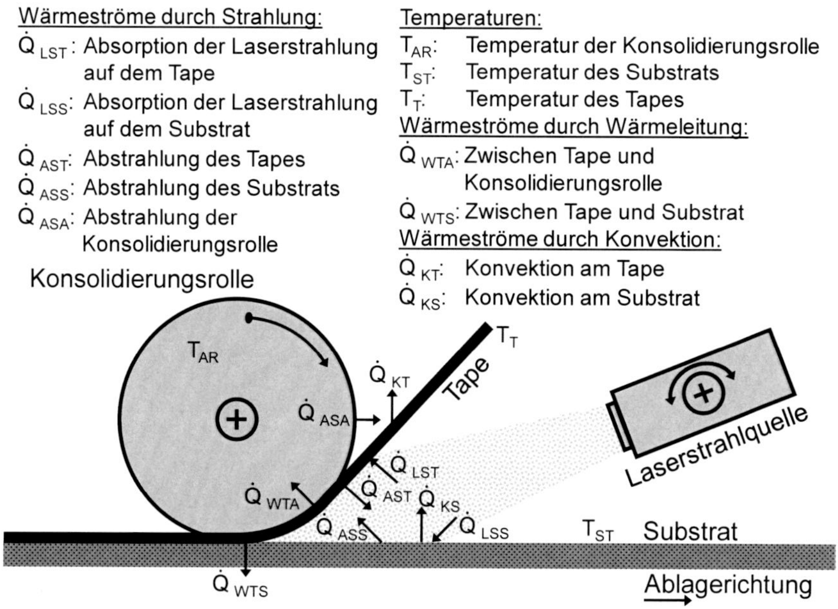

Abbildung 4.7: Wärmeströme in der laserunterstützten Tape-Verarbeitung

Heat Flows in the Laser-Assisted Tape-Placement

Mit Hilfe dieser Wärmeströme lässt sich eine Energiebilanz nach dem ersten Hauptsatz der Thermodynamik aufstellen, wie bereits SCHLEDJEWSKI ET AL. in ihren Prozesssimulationen nachgewiesen haben [SCHL03, S. 612f.]. Analog zu Abbildung 4.7 fließen Konduktion, Konvektion und Strahlung als relevante physikalische Mechanismen des Transports thermischer Energie in die Energiebilanz mit ein. Gemäß dem zweiten Hauptsatz der Thermodynamik findet ein Wärmefluss nur in Richtung geringerer Temperatur statt. Die genannten Transportmechanismen thermischer Energie sind dabei wie folgt definiert:

Konduktion

Die Konduktion, auch Wärmeleitung genannt, bezeichnet den Wärmefluss in oder zwischen einem Festkörper, einem Gas oder einer Flüssigkeit. Die Konduktion lässt sich durch die Wärmestromdichte vektoriell als Produkt aus der Wärmeleitfähigkeit λ_W und dem Temperaturgradienten $\vec{\nabla}T$ beschreiben:

$$\vec{q} = -\lambda_W \cdot \vec{\nabla}T \qquad [\vec{q}] = \frac{W}{m^2} \qquad (4\text{-}2)$$

Konvektion

Die Konvektion bezeichnet die Wärmeübertragung zwischen einem Festkörper und dem umgebenden Medium und ist stets mit einem Transport energieführender Teilchen verknüpft. In der hier betrachteten Anwendung findet Konvektion hauptsächlich an die umströmende Luft sowie durch das Medium statt, dass die Konsolidierungsrolle zwecks Temperierung durchströmt. Die Konvektion lässt sich als Produkt aus dem Wärmeübergangskoeffizienten α_W und der Temperaturdifferenz zwischen Festkörper und Umgebung darstellen.

$$\dot{q} = \alpha_W \cdot \left(T_{Festkörper} - T_{Umgebung}\right) \qquad [\dot{q}] = \frac{W}{m^2} \qquad (4\text{-}3)$$

Strahlung

Der Wärmestrom $\dot{Q}$ ergibt sich nach dem Stefan-Boltzmann-Gesetz aus dem effektiven Emissionskoeffizienten ε_{eff}, der Stefan-Boltzmann-Konstante σ und den Temperaturen des Festkörpers und der Umgebung.

$$\dot{Q} = \varepsilon_{eff} \cdot \sigma \cdot \left({T_{Festkörper}}^4 - {T_{Umgebung}}^4\right) \qquad [\dot{Q}] = W \qquad (4\text{-}4)$$

Bezogen auf die in Abbildung 4.7 dargestellten Wärmeströme und Temperaturen lässt sich die Energiebilanz aus den einzelnen Komponenten formulieren. Bei der laserunterstützten Tape-Verarbeitung sind die Temperaturen von Tape und Substrat im Zwickelpunkt von entscheidender Bedeutung. Wie bereits beschrieben, führt eine zu geringe Temperatur im Zwickelpunkt zu keiner ausreichenden Verschweißung der zu konsolidierenden Oberflächen. Eine zu hohe Temperatur führt gegebenenfalls zu einer Degradation der eingesetzten Kunststoffe.

Auf dem Weg zum Zwickelpunkt sind die am Prozess beteiligten Oberflächen des einlaufenden Tapes sowie des Substrats verschiedenen Wärmezugängen und Wärmeabgängen ausgesetzt.

Wärme wird dem Prozess an verschiedenen Stellen entzogen. Dazu gehören wie in Abbildung 4.7 dargestellt die Konvektionsströme $\dot{Q}_{KT}$ und $\dot{Q}_{KS}$ an Tape und Substrat. $\dot{Q}_{KS}$ kann dabei als freie Konvektion von der Werkzeugform bzw. dem abgelegten

Substrat an die umgebende Luft bezeichnet werden. Dadurch, dass das einlaufende Tape einer Bewegung unterliegt, kommt bei $\dot{Q}_{KT}$ eine Komponente der erzwungenen Konvektion an die umgebende Luft hinzu.

Durch Konduktion wird dem Prozess Wärme entzogen, sobald das Tape in mechanischen Kontakt mit der Konsolidierungsrolle ($\dot{Q}_{WTA}$) sowie mit dem Substrat kommt ($\dot{Q}_{WTS}$).

Die Strahlungsanteile $\dot{Q}_{AST}$, $\dot{Q}_{ASS}$ und $\dot{Q}_{ASA}$ von Tape, Substrat und Konsolidierungsrolle sorgen in Summe für einen Wärmeverlust im Prozess. Die Temperatur der Konsolidierungsrolle T_{AR} ist viel kleiner als die Prozesstemperatur, wodurch sich ein für die Prozesstemperatur negativer Einfluss ergibt. Tape und Substrat geben einen Teil der durch den Laser eingebrachten Wärme ab. Diese Wärme geht vom Prozess in die Umgebung. Ein kleiner Anteil wird allerdings vom Prozess wieder absorbiert, wenn z.B. das einlaufende Tape auf das Substrat abstrahlt oder umgekehrt. In Anlehnung an Formel (4-4) lässt sich dieser Zusammenhang darstellen als Formel (4-5). [BAEH19, S.700]

$$\dot{Q}_{mn} = \varepsilon_m \cdot \sigma \cdot A_m \cdot F_{mn} \cdot \left({T_m}^4 - {T_n}^4\right) \qquad [\dot{Q}] = W \qquad (4\text{-}5)$$

Formel (4-5) besagt, dass zwischen einer Fläche A_m und einer Fläche A_n der Wärmestrom $\dot{Q}_{mn}$ stattfindet. Der Sichtfaktor F_{mn} gibt an, welcher Teil der Strahlung der Fläche A_m mit der Temperatur T_m auf welchen Teil der Fläche A_n mit der Temperatur T_n trifft.

Der Laserstrahl selbst ist keine Wärmestrahlung, sondern eine monochromatische Strahlung einer oder mehrerer überlagerten Wellenlängen. Der Wärmeeintrag durch die Laserstrahlung erfolgt über die Absorption der Laserstrahlung mit der Intensität I_{Laser} auf der bestrahlten Oberfläche A_{Laser} mit dem Absorptionskoeffizienten α. Der Absorptionskoeffizient α beschreibt hierbei, zu welchem Anteil die Laserstrahlung absorbiert wird.

$$\dot{Q}_{LS\{S;T\}} = I_{Laser} \cdot \alpha \cdot A_{Laser} \qquad [\dot{Q}] = W \qquad (4\text{-}6)$$

Neben der Absorption spielen auch Reflexion und Transmission der auftreffenden Intensität eine Rolle beim Wärmeeintrag. Reflexion und Transmission werden an dieser Stelle allerdings nicht weiter betrachtet, da die in der hier betrachteten Anwendung nicht absorbierten Anteile der auftreffenden Intensität I_{Laser} laut STEYER nach der Reflexion ebenfalls absorbiert werden und der Absorptionskoeffizient näherungsweise mit $\alpha = 1$ angenommen werden kann [STEY13, S.49]. Eine detailliertere Betrachtung von Absorption, Reflexion und Transmission führt ZAAMI durch [ZAAM21].

Die Energiebilanz des gesamten Systems $\frac{dE_{System}}{dt}$ lässt sich für diesen instationären Prozess vereinfacht als Summe aller Wärmeströme darstellen:

$$\frac{dE_{System}}{dt} = \sum_i \dot{Q}_i \qquad \left[\frac{dE_{System}}{dt}\right] = W \tag{4-7}$$

Aus den Formeln (4-6) und (4-7) lässt sich anschaulich der Einfluss von Laserleistung, Lasereinstrahlwinkel und Prozessgeschwindigkeit auf die Prozesstemperatur erläutern. Wie in Formel (4-7) dargestellt, ist die Energiebilanz eine über die Zeit veränderliche Größe. Eine Änderung der Prozessgeschwindigkeit beeinflusst direkt die Zeit, in der die Wärmeströme innerhalb der Prozesszone fließen können. Als Prozesszone wird hier der gesamte durch den Laser bestrahlte Bereich definiert. Der Lasereinstrahlwinkel hat direkten Einfluss auf die durch den Laser bestrahlte Fläche auf dem Einlaufenden Tape sowie dem Substrat. Die bestrahlte Oberfläche ist ein Einflussfaktor in Formel (4-6) und beeinflusst linear die durch den Laser bewirkten Wärmeströme $\dot{Q}_{LSS}$ und $\dot{Q}_{LST}$. Ebenso hat die eingestrahlte Leistung und damit die Intensität des Lasers einen direkten Einfluss auf die Wärmeströme $\dot{Q}_{LSS}$ und $\dot{Q}_{LST}$.

Der Vollständigkeit halber sei erwähnt, dass die Transportmechanismen thermischer Energie weitaus komplexer sind als die hier gewählte Veranschaulichung der Einflussgrößen im Prozess. Neben den dargestellten Wärmeströmen finden noch Wärmetransporte innerhalb der Materialien statt und auch die Absorptions- und Emissionskoeffizienten sind nicht-linear abhängig von verschiedenen Einflussgrößen, wie z.B. der Temperatur. Die Wärmeleitung in einem FVK-Material ist stark richtungsabhängig und ist parallel zu den Verstärkungsfasern viel größer als senkrecht zu den Verstärkungsfasern. Für nicht-stationäre Vorgänge ergibt sich daraus ohne weitere Herleitung die Wärmeleitungsgleichung (4-8), die die verschiedenen Transportmechanismen thermischer Energie in einer partiellen Differentialgleichung enthält und damit analytisch nicht ohne wesentliche Vereinfachungen geschlossen lösbar ist. [SCHL03, S. 612f.] In Simulationen der laserunterstützten Tape-Verarbeitung werden vornehmlich numerische Lösungsansätze gewählt. [KÖLZ08, S.57–65; LEVY12; SCHA17]

$$\frac{\partial T}{\partial t} = \vec{\nabla}(\lambda_W \vec{\nabla} T) + \sum_i \dot{Q}_i \tag{4-8}$$

Im Rahmen der Prozesstemperaturregelung werden allerdings im weiteren Verlauf nur die direkt beeinflussbaren Prozessgrößen Laserleistung, Lasereinstrahlverhältnisse und Verarbeitungsgeschwindigkeit betrachtet.

4.3 Diskussion weiterer Prozessgrößen mit Einfluss auf die erzielbare Bauteilqualität

Discussion of Further Process Parameters with Influence on Achievable Component Quality

Wie in Kapitel 3 erläutert, ist der Kern dieser Arbeit die wissenschaftliche Betrachtung der Regelbarkeit der Prozesstemperatur. Die Prozesstemperatur hat den entscheidendsten Einfluss auf die erzielbare Bauteilqualität. Die erzielbare Bauteilqualität wird aber außerdem noch durch die bereits genannten Größen der Konsolidierungskraft und der Bandspannung beeinflusst. [KHAN10] Deren Einfluss wird der Vollständigkeit halber im Folgenden kurz betrachtet.

4.3.1 Konsolidierungskraft

Compaction Force

Die Konsolidierungskraft wird von der Konsolidierungsrolle auf das auf dem Substrat aufliegende Tape ausgeübt. Sie sorgt dafür, dass ein enger Kontakt zwischen den beiden Materialoberflächen hergestellt wird. Der Bereich unter der Konsolidierungsrolle befindet sich außerhalb der durch den Laser bestrahlten Prozesszone. Sobald die Materialien den Einstrahlbereich des Lasers verlassen, erfolgt kein weiterer direkter Wärmeeintrag mehr und die Abkühlphase beginnt. Das Matrixmaterial des einlaufenden Tapes ist an dieser Stelle idealerweise noch schmelzförmig. Durch die Konsolidierungskraft erfolgt dann eine plastische Verformung des Tapes in Form einer Verbreiterung von erfahrungsgemäß ca. 10 %. STEYER hat diesen Aufweitungsvorgang in seiner Arbeit analytisch beschrieben. [STEY13, S.101]

Ist die Konsolidierungskraft zu gering gewählt, findet kein enger Kontakt zwischen Tape und Substrat statt und Diffusion und Verschmelzung bleiben aus, wodurch die Bauteilqualität leidet. Ist die Konsolidierungskraft hingegen zu hoch gewählt, ist die Tape-Aufweitung zu stark und Verstärkungsfasern können an der Tape-Oberfläche zum Vorschein kommen, da das Matrixmaterial herausgedrückt wird. An dieser Stelle leidet dann ebenfalls die Bauteilqualität, da die Tape-Aufweitung unter Umständen nebenliegende Tape-Bahnen z.B. durch Überlappungen beeinträchtigt. Abbildung 4.8 zeigt den Effekt der Tape-Aufweitung bei deutlich erhöhter Konsolidierungskraft an einem einfachen Prozessbeispiel. Die dargestellte Aufweitung stellt einen Extremwert dar und wurde am Fraunhofer IPT mit dem PrePro 3D System erzeugt.

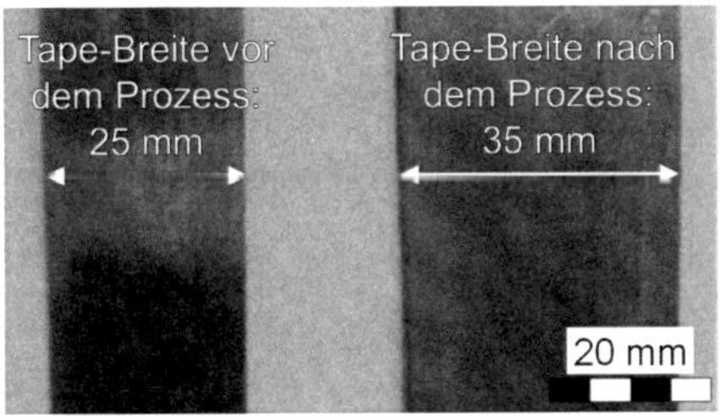

Abbildung 4.8: Tape-Aufweitung vor und nach dem Prozess
Tape-Widening Before and After the Process

4.3.2 Tape-Spannung

Tape Tension

Die Tape-Spannung, auch Bandspannung oder Fadenspannung genannt, ist eine Kraft, die in das Tape eingebracht wird und entgegen der Ablagerichtung wirkt. Durch die Bandspannung soll eine Streckung der Verstärkungsfasern erzielt werden, sobald das die Fasern umschließende Matrixmaterial schmelzförmig wird. Da Kräfte entlang der Faserrichtung am besten aufgenommen werden, wirkt sich die Faserstreckung positiv auf die erzielbaren mechanischen Eigenschaften des Bauteils aus.

Auf Grund der Geometrie des Tape-Verarbeitungssystems, wird das Tape an die Konsolidierungsrolle herangezogen. Laut STEYER sorgt dies ebenfalls für eine Aufweitung des Tapes. [STEY13, S.101] Für den Prozess wirkt die Tape-Spannung der Konsolidierungskraft allerdings auch in einem gewissen Maß entgegen. Übersteigt die durch die Fadenspannung erzeugte Zugkraft auf dem Tape die Konsolidierungskraft, kann es im Prozess z.B. zu einem Abheben der Konsolidierungsrolle kommen. Zudem kann eine zu hoch gewählte Spannung dazu führen, dass die Verstärkungsfasern, die idealerweise homogen im Tape verteilt sind, stärker gebündelt werden, wodurch eine inhomogene Faserverteilung im Tape entstehen kann.

4.4 Diskussion verschiedener Prozessabschnitte

Discussion of Different Process Sections

Der Prozess für die Ablage eines einzelnen Tapes von Startpunkt bis Endpunkt kann in vier Abschnitte unterteilt werden, die sich in instationäre und quasistationäre Zustände gliedern:

Abschnitt 1: Ansetzen des Tapes

Der Industrieroboter führt den Tool-Center-Point (TCP) des Tape-Verarbeitungskopfes an den Startpunkt der Tape-Bahn. Dort wird das Tape in die Prozesszone geführt und kommt erstmalig in Kontakt mit dem Substrat. Idealerweise wird das Tape hier direkt mit dem Substrat verbunden, um eine vollständige Konsolidierung über die gesamte abgelegte Tape-Länge erreichen zu können. Zum Ende dieser Phase befindet sich der Tape-Verarbeitungskopf auf dem Startpunkt der Tape-Bahn. Das Tape kann also entweder bei Stillstand unter der Konsolidierungsrolle fixiert werden oder lose unter Prozessgeschwindigkeit während der Bewegung zugeführt werden („Add-on-the-fly"-Prozess). Für den „Add-on-the-fly"-Prozess muss das Tape während und nach dem Ansetzen auf Prozesstemperatur gehalten werden. Das hier eingesetzte Tape-Verarbeitungssystem unterstützt den „Add-on-the-fly"-Prozess nicht per se (siehe Abbildung 4.9). Durch geschickte Bahnführung kann ein „Add-on-the-fly"-Prozess unter bestimmten Umständen gelingen. Die Erstlagenfixierung ist allerdings eine stetig weiter untersuchte Herausforderung im laserunterstützten Verarbeiten thermoplastischer Tapes.

Abschnitt 2: Beschleunigungsphase des Roboters

Nachdem das Tape in die Prozesszone geführt wurde und der Roboter den TCP auf dem Startpunkt der Tape-Bahn positioniert hat, beginnt die Bahnfahrt des Roboters. Der TCP wird entlang der geplanten Tape-Bahn auf die geforderte Prozessgeschwindigkeit beschleunigt.

Abschnitt 3: Konstante Fahrt des Roboters

Die Geschwindigkeit des TCP hat die eingestellte Prozessgeschwindigkeit erreicht. Der Roboter ist in eine konstante Fahrbewegung des TCP übergegangen, die über die programmierte Strecke eingehalten wird. In dieser Phase können die Randbedingungen des Prozesses als konstant und quasistationär angesehen werden. Da das einlaufende Material hier dennoch einer konstanten Änderung unterlegen ist und die eingestrahlte Laserleistung in gewissen Grenzen auch das Produktionssystem stellenweise erwärmt, ist allerdings auch dieser Prozessabschnitt als instationär anzusehen. Die konstante Änderung des einlaufenden Materials kommt durch die Bewegung des Prozesses zu Stande. Die auf dem Substrat bestrahlte Fläche ändert sich mit der Bewegung des Roboters und es wird ständig neues Tape von der Tape-Bevorratung in die Prozesszone geführt.

Abschnitt 4: Abschneiden des Tapes

Zum Ende der Tape-Bahn muss das Tape im Tape-Verarbeitungskopf durchtrennt werden. Zwischen Zwickelpunkt und Schneideinheit befindet sich ein Stück der Länge $L_{Schnittlänge}$. Sobald der TCP die Schneidposition $P_{Schnitt}=L_{Tape\text{-}Bahn}-L_{Schnittlänge}$ erreicht, muss das Tape durchtrennt werden, damit das Ende des Tapes an der programmierten Position zum Liegen kommt. Durch die Eigensteifigkeit des Tapes wird das Tape nach dem Schneiden in Richtung Substrat schnellen. Je nach gewähltem Lasereinstrahlverhältnis kann das einlaufende Tape aber auch schmelzförmig sein, wodurch es seine Eigensteifigkeit verliert und durch Gravitation in Richtung Substrat fällt. Durch zusätzliche Führungselemente sollte dies idealerweise verhindert werden, da sonst der Laser nicht mehr in den Bereich zwischen einlaufendem Tape und Substrat stahlen kann. Dadurch wird eine erfolgreiche Konsolidierung erschwert.

Besonderheiten der instationären Zustände

Gerade die stark instationären Zustände, in denen sich die Randbedingungen des Prozesses kontinuierlich verändern, stellen besondere Herausforderungen an eine Prozesstemperaturregelung. Die instationären Prozessabschnitte zu Beginn und Ende eines Tape-Legeprozesses werden im Stand der Technik durch sogenannte „Cut-and-add-on-the-fly"-Prozesse bereits vermieden. In solchen Prozessen wird das Tape während der konstanten Bewegung des Systems synchron zur Prozessgeschwindigkeit in die Prozesszone geführt und ebenso während der konstanten Bewegung abgeschnitten. Ein langsames Ansetzen des Tapes sowie eine Beschleunigungsphase werden somit wirksam vermieden. Ein solcher Prozess wird z.B. durch die PrePro 2D Anlage des Fraunhofer IPT realisiert (siehe Kapitel 2.2.1). [JANS20]

In dem hier genutzten System ist ein „Add-on-the-fly" nicht möglich, da die Tape-Führung das Tape zwar tangential an der Konsolidierungsrolle vorbeiführt, es aber nicht tangential am Zwickelpunkt vorbeiführt (siehe Abbildung 4.9). Zudem fehlt es an einer Tape-Führung bis in den Zwickelbereich, da das Tape bei Erwärmung auf Schmelztemperatur seine Eigensteifigkeit verliert und sich bedingt durch die Schwerkraft stärker nach unten biegt, sofern das lose Tape-Ende nicht fixiert ist. Bei einem „Add-on-the-fly"-Prozess verschwimmen Abschnitte 1 bis 3 miteinander.

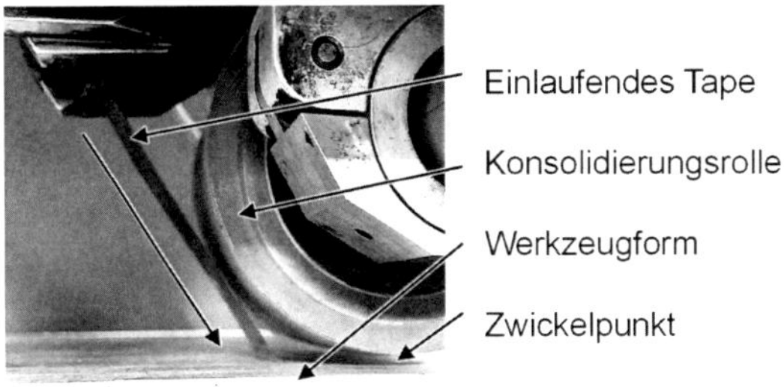

Abbildung 4.9: Tangentialer Verlauf des Tapes an der Konsolidierungsrolle
Tangential Course of the Tape on the Consolidation Roller

4.5 Zwischenfazit

Interim Summary

Der laserunterstützte Tape-Verarbeitungsprozess ist in diesem Kapitel übersichtsartig dargestellt. Daraus abgeleitet erfolgt die Diskussion relevanter Prozessgrößen mit Einfluss auf die Tape-Verarbeitung. Insbesondere die thermodynamische Betrachtung im Zusammenhang mit den verschiedenen Prozessabschnitten zeigt eine starke Instationarität des Prozesses auf. Fehlende lineare Zusammenhänge zwischen einzelnen Prozessgrößen sowie prozesstechnisch kaum beeinflussbare Faktoren (z.B. Wärmeleitung), zeigen den Bedarf an optimierten Regelungsmethoden, um den Herausforderungen des Prozesses adäquat zu begegnen.

5 Entwicklung eines modularen Steuerungssystems

Development of a Modular Control System

Um in der Lage zu sein, eine industrielle Bildverarbeitung sowie komplexe Regelungsalgorithmen implementieren zu können, ist eine flexible und modulare Architektur des eingesetzten Steuerungssystems notwendig. Das modulare Steuerungssystem wurde im Rahmen dieser Arbeit entwickelt. Die Architektur und die Struktur dieses Steuerungssystems werden in den folgenden Unterkapiteln beschrieben.

5.1 Systemarchitektur

System Architecture

Zum gesamten Produktionssystem gehören der Tape-Verarbeitungskopf, ein Industrieroboter und ein Diodenlaser. Das System ist dezentral organisiert, sodass jedes System für sich mit den anderen Systemen interagiert. Der Industrieroboter übernimmt die Bewegungssteuerung und triggert positionsabhängig die Funktionen des Tape-Verarbeitungskopfes. Der Tape-Verarbeitungskopf kontrolliert seine eigenen Komponenten bzw. Funktionen und übernimmt die prozessabhängige Kommunikation mit dem Diodenlaser. Über eine Ethernet-Verbindung ist der Tape-Verarbeitungskopf aus der Ferne erreichbar. Dies ist über die Verbindung mit der Außenwelt in Abbildung 5.1 dargestellt. Der Diodenlaser ist für seine interne Leistungsregelung zuständig und ist sicherheitstechnisch an die Fertigungszelle gekoppelt, die über eine lasersichere Umhausung und entsprechende Tür-Systeme verfügt. Sicherheitstechnisch sind alle Systeme miteinander verbunden, sodass ein einheitlicher Not-Aus-Kreis besteht.

Die Systemarchitektur mit den informationstechnischen Schnittstellen zwischen den einzelnen Systemen ist in Abbildung 5.1 dargestellt.

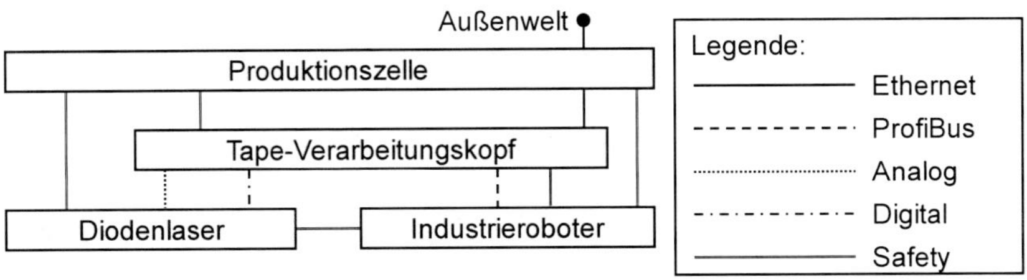

Abbildung 5.1: Systemarchitektur inklusive Schnittstellen

System Architecture Including Interfaces

5.1.1 Tape-Verarbeitungskopf

Tape Placement Head

Der Tape-Verarbeitungskopf besteht aus verschiedenen modularen Subsystemen. Dazu gehören die in Kapitel 4.1 erläuterten Komponenten. Steuerungstechnisch übernimmt ein Schaltschrank-Industrie-PC vom Typ C6030 der Firma Beckhoff Automation GmbH & Co. KG die Steuerung des Systems. Die Steuerungssoftware basiert auf Beckhoff TwinCAT 3.1, einer Software-SPS, die in einem Echtzeit-Kernel unter Microsoft Windows ausgeführt wird. [BECK20b] Die Systemarchitektur bezüglich der elektronischen und informationstechnischen Schnittstellen ist in Abbildung 5.2 dargestellt. Die dort dargestellten Systemschnittstellen stellen die Verbindungen zu Produktionszelle, Industrieroboter, Diodenlaser und Netzwerk dar. Die Verteilung von Versorgungsspannungen sowie Medien wird hier nicht weiter ausgeführt und dargestellt.

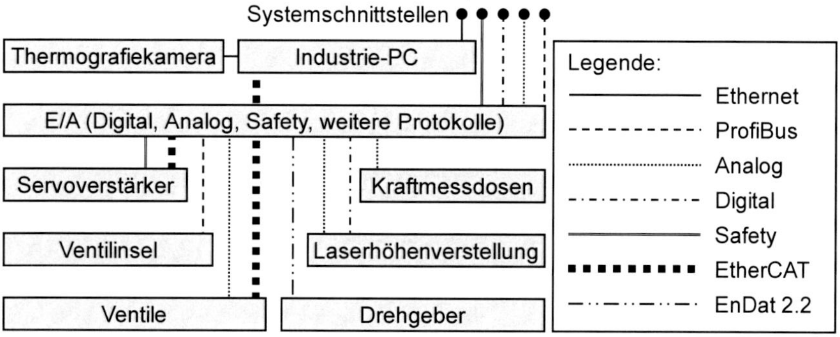

Abbildung 5.2: Systemarchitektur des Tape-Verarbeitungskopfes mit Schnittstellen
System Architecture of the Tape Placement Head Including Interfaces

5.1.2 Industrieroboter

Industrial Robot

Der Tape-Verarbeitungskopf wird als Werkzeug an einem 6-Achs-Gelenkarmroboter der Firma KUKA Roboter GmbH geführt. Der Industrieroboter ist vom Typ KR 360-2. Die wichtigsten technischen Spezifikationen sind in Tabelle 5.1 gelistet. [KUKA11] Sicherheitstechnisch ist der Industrieroboter in das Beckhoff TwinSAFE System (Sicherheitssteuerung und sicherheitsrelevante I/O) des Tape-Verarbeitungskopfes integriert. Steuerungstechnisch übernimmt die KR C2 edition2005 des Industrieroboters die Bewegungsausführung und triggert die Funktionen des Tape-Verarbeitungskopfes über eine Profibus-Verbindung.

Tabelle 5.1: Technische Daten des Kuka KR 360-2 [KUKA09; KUKA11]

Technical Data of the Kuka KR 360-2

Typ	KR 360-2
Maximale Reichweite	2.826 mm
Nenntraglast	360 kg
Zusatzlast Arm / Schwinge	50 kg / 100 kg
Maximale Gesamtlast	860 kg
Anzahl der Achsen	6
Positionswiederholgenauigkeit	+- 0,08 mm
Steuerung	KR C2 edition2005

5.1.3 Diodenlaser

Diode Laser

Die technischen Daten des eingesetzten Diodenlasers sind bereits in Kapitel 4.1 aufgelistet (siehe Tabelle 4.2). Im Sinne der Systemarchitektur ist der Laser mit den Sicherheitskreisen der übrigen Systeme verbunden. Angesteuert wird der Laser durch den Tape-Verarbeitungskopf über eine Analog-/Digital-Schnittstelle, über die die Statusmaschine des Diodenlasers angesteuert wird (24 V digitale Eingangs- und Ausgangssignale). Die Leistung wird über eine analoge Schnittstelle (0-10 V entsprechend 0-100 %, 16 Bit Auflösung) gesteuert.

5.2 Modulare Struktur des Steuerungssystems

Modular Structure of the Control System

Dem hier entwickelten und vorgestellten Steuerungssystem wird eine modulare Struktur zugrunde gelegt, in dem die einzelnen Baugruppen bzw. funktionalen Einheiten jeweils durch einen eigenen Funktionsbaustein gesteuert werden. Jeder Funktionsbaustein hat eine entsprechende Schnittstelle, um mit den weiteren funktionalen Einheiten benötigte Daten austauschen zu können. Im Folgenden werden die einzelnen Einheiten kurz erläutert. Auf mechanische Eigenschaften wird hierbei nur bei Bedarf eingegangen, da diese in der Arbeit von WERNER beschrieben sind. [WERN18] Die gesamte Steuerung ist mit Beckhoff TwinCAT 3.1 realisiert. [BECK20b] Die einzelnen funktionalen Einheiten lassen sich Abbildung 4.1 entnehmen. Selbstverständlich stellt die im Folgenden vorgestellte Struktur nur eine Möglichkeit dar, das Steuerungssystem modular aufzubauen. Die in den weiteren Unterkapiteln vorgestellte Struktur hat den Zweck, einzelne Baugruppen mit einem isolierten mechanischen Zweck auch informationstechnisch isoliert darzustellen. Dies ermöglicht eine baukastenartige Portabilität für evolutionäre Entwicklungsschritte des in dieser Arbeit genutzten Systems. Zudem fördern für sich isolierte funktionale Softwareeinheiten die Wartbarkeit des Programmcodes. Sauber strukturierte Softwarearchitekturen sind eine Grundlage der Softwareentwicklung [MART18].

5.2.1 Allgemeine Struktur

General Structure

Die einzelnen funktionalen Einheiten als Funktionsbausteine der Steuerung verfügen über verschiedene Ein- und Ausgänge, die zur Kommunikation mit den weiteren Funktionsbausteinen dienen. Die Bedienung kann über eine grafische Bedienoberfläche (HMI) sowie durch das Roboterprogramm in Form von Befehlen innerhalb der Bewegungssätze gesteuert werden. Die HMI ist mit Beckhoff TwinCAT PLC HMI implementiert und mit der Beckhoff TwinCAT HMI um die Funktionen für die Thermografiekamera erweitert. [BECK19; BECK21] In jedem Funktionsbaustein kann zwischen zwei Betriebsmodi umgeschaltet werden. Diese werden als „Automatikbetrieb" und „Manueller Betrieb" bezeichnet. Der manuelle Betriebsmodus lässt nur die Bedienung über die HMI zu. Befehle durch die Robotersteuerung werden im manuellen Betriebsmodus ignoriert. Im Automatikbetrieb kann der Tape-Verarbeitungskopf durch die Robotersteuerung und durch die HMI gesteuert werden. Dabei gibt es keine Priorisierung der Befehle. Es wird jeweils der letzte gültige Befehl ausgeführt, unabhängig davon, ob dieser manuell durch den Bediener oder automatisiert über das Roboterprogramm angefordert wird.

Zusätzlich zu den verschiedenen Betriebsmodi gibt es außerdem ein zentrales Fehlermanagement, in das jeder Funktionsbaustein seine anstehenden Fehler meldet und aus dem jeder Funktionsbaustein globale Fehlerbenachrichtigungen wie z.B. einen anstehenden Not-Halt erhält. Ein Fehlerzustand verhindert im Normallfall die weitere Bedienung eines Funktionsbausteines, bis dass der Fehler quittiert wurde und nicht mehr ansteht.

Die Implementierung erfolgt ausschließlich in strukturiertem Text [IEC13]. Auf eine detaillierte Darstellung der Quelltexte wird hier verzichtet, da es sich um systemspezifische Funktionen handelt, die nicht allgemein auf Tape-Verarbeitungssysteme übertragen werden können.

5.2.2 Konsolidierungseinheit

Compaction Unit

Die Konsolidierungseinheit besteht aus einer Konsolidierungsrolle und einer pneumatisch angesteuerten Aktorik. Ein 5/3-Wegeventil und ein Druckregelventil, die auf einen doppeltwirkenden Stick-Slip-freien Pneumatikzylinder wirken, bilden einen pneumatischen Aktor, der über die Konsolidierungsrolle eine Kraft auf das Substrat überträgt. Eine Kraftmessdose dient der Messung dieser Konsolidierungskraft. Das 5/3-Wegeventil ist in der Grundstellung drucklos. Eine Stellung beaufschlagt den Stick-Slip-freien Pneumatikzylinder so mit Druckluft, dass die Konsolidierungsrolle bis zum oberen mechanischen Anschlag angehoben wird. Die weitere Stellung leitet die Druckluft an das Druckregelventil, welches den Zylinder so mit Druckluft beaufschlägt, dass die Konsolidierungsrolle in Richtung Substrat gedrückt wird. Über die Kraftmessdose und das Druckregelventil kann ein geschlossener Regelkreis für die Einstellung der Konsolidierungskraft realisiert werden. Die Einstellung der Konsolidierungskraft kann aber auch gesteuert über den Öffnungsgrad des Druckregelventils erfolgen. Dank einer Synchronisation mit dem Tape-Vorschub kann die Konsolidierungsrolle optional angehoben werden, damit das vorgeschobene Tape während des Vorschubs nicht gegen die Konsolidierungsrolle stößt, sondern ungehindert in die Prozesszone vorgeschoben werden kann.

5.2.3 Schneideinheit

Cutting Unit

Die Schneideinheit besteht aus einem 3/2-Wegeventil mit Federkraftrückstellung und einem doppeltwirkenden Zylinder, der als Aktuator für das Messer dient. In der Normalstellung ist der Pneumatikzylinder eingefahren und das Messer der Schneideinheit verharrt in der Ruheposition. Auf das Schneidsignal hin öffnet das 3/2-Wegeventil zur anderen Kammer des Zylinders und bewirkt das Vorschnellen des Messers, um das Tape zu durchtrennen. Die Öffnungsdauer des Ventils ist dabei auf Millisekunden genau einstellbar. Die Öffnungsdauer ist lang genug zu wählen, dass das Tape sicher durchtrennt wird, sollte aber gleichzeitig so kurz wie möglich sein, um die Nebenzeiten des Prozesses so gering wie möglich zu halten. In dem hier betrachteten „PrePro 3D“-System ist die Schneideinheit im Gegensatz zur Schneideinheit im „PrePro 2D“-System nicht für „Cut-on-the-fly“ optimiert [JANS20].

5.2.4 Tape-Vorschub

Tape Feed

Der Tape-Vorschub besteht aus einer gummierten Vorschubrolle, die von einem Servomotor angetrieben wird, und einem 3/2-Wegeventil mit einem doppeltwirkenden Pneumatikzylinder, an dem eine weitere gummierte Rolle drehbar gelagert ist. Der Tape-Vorschub dient dazu, das Tape, das z.B. bis zur Schneideinheit reicht, bis in die Prozesszone unter die Konsolidierungsrolle vorzuschieben. Auf den Vorschubbefehl hin öffnet das Pneumatikventil und drückt mit der am Pneumatikzylinder drehbar gelagerten gummierten Rolle das Tape gegen die gummierte Vorschubrolle. Danach wird eine einstellbare Länge des Tapes durch den Servomotor in Richtung Prozesszone vorgeschoben. Sobald der Vorschub beendet ist, wird das Pneumatikventil wieder in die Ruhestellung versetzt. Dadurch wird der Pneumatikzylinder wieder eingefahren, wodurch das Tape nicht mehr zwischen den beiden gummierten Rollen eingeklemmt ist. In dem hier betrachteten „PrePro 3D“-System ist der Tape-Vorschub im Gegensatz zur Tape-Vorschubeinheit im „PrePro 2D“-System nicht für „Add-on-the-fly“ optimiert, da keine Bewegungssynchronisation zum Industrieroboter besteht. [JANS20].

5.2.5 Tape-Geschwindigkeit

Tape Velocity

Über einen Drehgeber, der an eine drehbar gelagerte gummierte Rolle angeflanscht ist, die zum Teil vom einlaufenden Tape umschlungen wird, wird die aktuelle Geschwindigkeit des Tapes erfasst. Über die Integration der Tape-Geschwindigkeit über die Zeit kann die Länge des bereits verbrauchten Tapes erfasst werden. Darüber kann auf den Füllstand der Tape-Bevorratung geschlossen werden, um den Bediener zu warnen, bevor der Materialspeicher leerläuft und ein Produktionsprozess gestoppt werden muss.

5.2.6 Tape-Spannung

Tape Tension

Das Modul für die Tape-Spannung besteht aus einem Servomotor, der an die Bandbevorratung angeflanscht ist, sowie aus einer Kraftmessdose. Die Kraftmessdose ist an einer gefederten und drehbar gelagerten Elastomerrolle angebracht, die zum Teil durch das einlaufende Tape umschlungen wird. An derselben Rolle wird auch die Tape-Geschwindigkeit erfasst. Darüber kann bestimmt werden, welche Kraft zwischen Konsolidierungsrolle und Bandbevorratung auf das Tape wirkt. Der Servomotor wirkt als bremsendes Element an der Bandbevorratung. Über die Bewegung des Roboters wird das Tape passiv aus der Bevorratung herausgezogen. Der Servomotor bremst diese Abziehbewegung und erzeugt somit eine Spannung auf dem Tape, die der Ablagerichtung entgegenwirkt. Die gewünschte Bandspannung ist einstellbar und lässt sich entweder manuell über den eingesetzten Motorstrom oder im geschlossenen Regelkreis über die Kraftmessdose einstellen. In entgegengesetzter Drehrichtung kann der Servomotor die Tape-Spannung auch verringern.

5.2.7 Heizsystem

Heating System

Das Heizsystem besteht aus der Laserstrahlquelle mit Faser und Optik und der Laseroptiksteuerung. Beide werden unabhängig voneinander angesteuert.

Laserstrahlquelle

Die Laserstrahlquelle (siehe Kapitel 4.1) setzt sich steuerungstechnisch aus dem fasergekoppelten Diodenlaser sowie einer Kommunikationsschnittstelle zusammen. Der fasergekoppelte Diodenlaser verfügt als Feldbusschnittstelle über ProfiBus [IEC19], nicht aber über eine performante Feldbusschnittstelle wie z.B. EtherCAT [ETHE20]. Daher wird auf die herstellerspezifische Analog-Digital-Schnittstelle „X3B“ zurückgegriffen. [LASE13] Dadurch werden unnötige Signalwandlungszeiten umgangen und eine direkte und nahezu verzögerungsfreie (< 1 ms) Ansteuerung ermöglicht. Tabelle

5.2 umfasst die benötigten Signale und ihre Kommunikationsrichtung aus Sicht der Prozesssteuerung.

Tabelle 5.2: Kommunikationssignale der [LASE13]

Communication Signals of the Laser Beam Source

Pin	Signal	Signalform	Kommunikationsrichtung
1	Störung	Digital	Laser zu PLC
2	Laser bereit Signal	Digital	Laser zu PLC
3	Laser aktiv Signal	Digital	Laser zu PLC
4	Pilotlaser aktiv Signal	Digital	Laser zu PLC
8	Programm aktiv Signal	Digital	Laser zu PLC
10	Shutter geöffnet	Digital	Laser zu PLC
11	Shutter geschlossen	Digital	Laser zu PLC
12	Schutztürkreisstatus	Digital	Laser zu PLC
14	Leistungsvorgabe	Analog	PLC zu Laser
17	24V Steuerspannung	Digital	Laser zu PLC
19	Fehler quittieren	Digital	PLC zu Laser
20	Laser bereit	Digital	PLC zu Laser
21	Programm Start/Stopp	Digital	PLC zu Laser
22	Pilotlaser Ein/Aus	Digital	PLC zu Laser
23	WAIT 1	Digital	PLC zu Laser

Ein Eingang empfängt ein Signal vom Diodenlaser, ein Ausgang sendet ein Signal an den Diodenlaser. Mit diesen Signalen wird die Statusmaschine der laserinternen Steuerung angesteuert. Über die Leistungsvorgabe wird die geforderte Laserleistung eingestellt. Eine Ablaufsteuerung stellt die gültigen Betriebszustände sicher. Der Vollständigkeit halber sei erwähnt, dass der Diodenlaser auf der verwendeten Schnittstelle noch über weitere Eingangssignale und Ausgangssignale verfügt, die für die hier betrachtete Ansteuerung nicht benötigt und daher in der Aufzählung ausgelassen werden.

Als weitere Funktionalität ist ein Taster eingerichtet, der die Laserstrahlung auf manuelle Eingabe hin abschalten und gegen das Wiedereinschalten verriegeln kann. Dies hat den einfachen Hintergrund, dass gerade in experimentellen Prozessen unwissentlich oder auch wissentlich ungeeignete Prozessparameter zum Einsatz kommen können. Dabei kann es innerhalb von wenigen hundert Millisekunden zu einem starken Temperaturanstieg und damit zu einem Aufflammen des zu verarbeitenden Tapes in der Prozesszone kommen. Eine Möglichkeit, eine weitere Emission der Laserstrahlung zu verhindern, ist die Betätigung des Not-Halt der Anlage. Dies wirkt sich aber negativ auf die Lebensdauer der Laserdioden aus. Über den eingerichteten Taster wird der Laser über seine interne Statusmaschine deaktiviert. Ein weiterer Vorteil dieser Methode ist, dass der Roboter den Tape-Verarbeitungskopf auf seiner Bahn weiterbewegt und evtl. brennendes Material unter der Konsolidierungsrolle abgelöscht wird. Ein unnötiges Verrußen des Systems und insbesondere der Laseroptik wird damit verhindert.

Zur optischen Bewertung der Prozesszone steht ein Pilotlaser zur Verfügung, der einen für das menschliche Auge sichtbaren und ungefährlichen roten Laserbrennfleck erzeugt.

Laseroptiksteuerung

Bei der Laseroptiksteuerung handelt es sich um einen Antrieb, der die Laseroptik über eine Drehachse vertikal verkippt, um damit den Lasereinstrahlwinkel über den erlaubten Schwenkbereich verändern zu können.

5.2.8 Prozesstemperaturregelung

Process Temperature Control

Die Prozesstemperaturregelung wird nach dem Stand der Technik konventionell über einen PID-Regler realisiert. Dies geht mit den in Kapitel 2.5.1 genannten Nachteilen einher, wie unter anderem dem hohen prozessabhängigen Einstellaufwand. Ein Ziel dieser Arbeit ist, hier eine effizientere Regelungsstrategie zu implementieren und zu untersuchen. Dies wird in Kapitel 6.5 diskutiert.

5.2.9 Bilderfassung und Bildverarbeitung

Image Acquisition and Image Processing

Die Bilderfassung und Bildverarbeitung erfolgen mittels Beckhoff TwinCAT Vision. TwinCAT Vision ermöglicht die Übertragung der Bilddaten einer Kamera mit GigE Vision Schnittstelle direkt in den Speicherbereich der PLC. Dadurch ist eine Verarbeitung der Bilddaten prozesssynchron und in Echtzeit möglich. [BECK20d] Die Implementierung wird in den Kapiteln 6.5.2 und 6.5.3 diskutiert.

5.2.10 Prozessdatenerfassung

Process Data Acquisition

Um in der Lage zu sein, den Prozess auch im Nachhinein anhand von Prozessdaten bewerten zu können, ist eine Erfassung der Daten während des Prozesses erforderlich. Der Funktionsbaustein für die Datenerfassung erfasst während des Prozesses die gewünschten Daten, versieht sie mit einem Zeitstempel und speichert sie im gewünschten Dateiformat (z.B. Comma-separated values (CSV) [RFC15] oder JavaScript Object Notation (JSON) [RFC17]) in der gewünschten Aufnahmefrequenz auf einem angeschlossenen Speichermedium oder mit dem Beckhoff TwinCAT 3 Database Server [BECK20a] in einer Datenbank.

5.2.11 Rezepturverwaltung

Recipe Management

Um den Einrichtungsaufwand für den Bediener zu minimieren, verfügt die Steuerung über eine integrierte Rezepturverwaltung, mit der die getätigten Einstellungen für die verschiedenen Prozesse sowohl abgespeichert als auch geladen werden können.

5.2.12 Kommunikation mit dem Industrieroboter

Communication with the Industrial Robot

Die Kommunikation mit dem Industrieroboter kann über eine beliebige Feldbusschnittstelle erfolgen. In diesem Fall kommt eine Profibus-Feldbusschnittstelle zum Einsatz, da in der verwendeten Robotersteuerung keine performantere Feldbusschnittstelle wie z.B. EtherCAT implementiert ist. Über das Bahnprogramm des Roboters werden die Funktionen des Tape-Legekopfes über integrierte Funktionen gesteuert. Die Kommunikation wird bidirektional nach dem in Abbildung 5.3 dargestellten Schema durchgeführt. Der dabei eingesetzte Handschlag mit Bestätigung der Befehlsverarbeitung stellt sicher, dass die einzelnen Befehle korrekt verarbeitet werden und damit keine Fehler im Prozessablauf entstehen können. Ein Beispiel für so einen Fehler ist ein nicht verschlossener Laser-Sicherheitsbereich. Dies stellt keinen fehlerhaften Zustand dar, so dass der Bediener nicht mit einer Fehlermeldung darauf hingewiesen wird. Der Laser kann so aber nicht aktiv geschaltet werden. Die Befehlsanfrage, den Laser aktiv zu schalten, kann also nicht bestätigt werden und der Prozess wartet an dieser Stelle. Der Bediener wird durch dieses Verhalten auf Unstimmigkeiten hingewiesen und kann anhand vorhandener Statusmeldungen die Ursache für den Programmstopp feststellen.

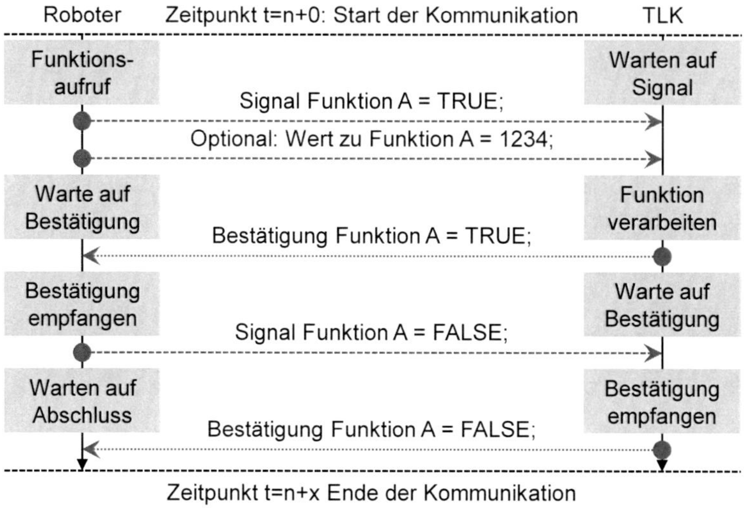

Abbildung 5.3: Kommunikationsschema zwischen TLK und Industrieroboter
Communication Scheme Between TPH and Industrial Robot

Aus dem Bahnprogramm heraus hat der Bediener Zugriff auf alle wichtigen Funktionen des Tape-Legekopfes und kann z.B. den Laser ein- und ausschalten, den Schneidbefehl steuern, den Tape-Vorschub mit einer definierten Länge starten oder die Regelung für bestimmte Prozessgrößen aktivieren bzw. deaktivieren.

6 Erfassung und Verarbeitung thermografischer Prozessinformationen

Acquisition and Processing of Thermographic Process Information

Um eine Regelungsstrategie implementieren zu können, müssen zuerst detaillierte Erkenntnisse über den Prozess gewonnen werden. Dazu sind Prozessdaten vonnöten. Diese können sowohl empirisch als auch simulativ oder in Kombination aus beiden Ansätzen gewonnen werden. Verschiedene Ansätze für Prozessmodelle existieren in der Literatur. Im Folgenden wird für die Prozessdatenerfassung ein rein empirischer Ansatz gewählt. Auf eine Validierung durch ein komplexes Prozessmodell wird hier verzichtet, da ein Modell des betrachteten Prozesses innerhalb der hier betrachteten Grenzen der Prozessparameter prinzipiell die empirisch erfassten Prozessdaten bestätigen sollte. Aus den Prozessdaten wird im weiteren Verlauf allerdings ein einfaches Prozessmodell extrahiert, um die Auslegung der Regelungsstrategie zu vereinfachen.

Das folgende Kapitel erläutert detailliert die Methodik, die erforderlichen Prozessdaten zu erfassen, zu kategorisieren, zu interpretieren und in eine Regelungsstrategie zu überführen. Eine flexible Prozesstemperaturregelung ist dabei das übergeordnete Ziel.

6.1 Versuchsmethodik

Method for Experiments

In Kapitel 4.2 wurden bereits die prozesstechnischen Einflussgrößen auf den Aufheizprozess diskutiert. Dementsprechend muss ermittelt werden, welche praktischen Auswirkungen diese Parameter auf den Prozess haben. Dazu werden mit dem Tape-Verarbeitungssystem Tapes unter festen Prozessparametern abgelegt und die Prozessdaten aufgezeichnet. Die verwendeten Tapes sind vom Typ Tencate Cetex PA66/T300. Trotz einer Schmelztemperatur von rund 255°C [DOMI12, S.610] weist PA66 selbst bei Temperaturen von 350 °C nur sehr geringe thermische Degradation in Form von Masseverlusten auf, weshalb es sich für die Versuche gut eignet. PA66 zeigt sich selbst bei Temperaturen von 450 °C noch über mehrere Minuten massestabil. [JAHR03] Die Ablage der Tapes erfolgt auf einem Organoblech desselben Materials. Das Organoblech ist auf einer Werkzeugform aus Aluminium fixiert. Der Versuchsaufbau ohne Organoblech ist in Abbildung 6.1 dargestellt.

Abbildung 6.1: Versuchsaufbau
Test Set-Up

6.1.1 Prozessversuche zur Prozessdatenerfassung

Process Trials for Process Data Acquisition

Die Versuchsreihe gliedert sich in eine feste Variation der prozesstechnischen Einflussgrößen. Dazu wird ein vollfaktorieller Versuchsplan erstellt, der aus 390 Versuchen besteht. Dabei wird die in Tabelle 6.1 gelistete Parametervariation genutzt.

Tabelle 6.1: Parametervariation des vollfaktoriellen Versuchsplans
Variation of Process Parameters for a Full Factorial Experiment Design

Parameter	**Wertebereich**	**Einheit**
Anteil des Laserbrennflecks auf dem einlaufenden Tape	$L_T = \{30{,}1; 36{,}8; 43{,}4; 50; 56{,}6; 63{,}1\}$	$[L_T] = \%$
Prozessgeschwindigkeit	$v_P = \{100;\ 200;\ 300;\ 400;\ 500\}$	$[v_P] = \frac{mm}{s}$
Laserleistung	$P_L = \left\{ \begin{matrix} 0{,}3;\ 0{,}5;\ 0{,}75;\ 1;\ 1{,}25;\ 1{,}5;\ 1{,}75; \\ 2;\ 2{,}25;\ 2{,}5;\ 2{,}75;\ 3;\ 3{,}3 \end{matrix} \right\}$	$[P_L] = kW$

Für jeden Lasereinstrahlwinkel aus der Menge L_T wird jede Prozessgeschwindigkeit aus der Menge v_P in den Versuchsplan aufgenommen. Für jede Prozessgeschwindigkeit aus der Menge v_P wird jede Laserleistung aus der Menge P_L in den Versuchsplan aufgenommen. Daraus ergeben sich 30 Versuchsreihen mit jeweils 13 Versuchen. Eine Versuchsreihe entspricht der sukzessiven Erhöhung der Laserleistung bei gegebenem Lasereinstrahlwinkel und gegebener Prozessgeschwindigkeit.

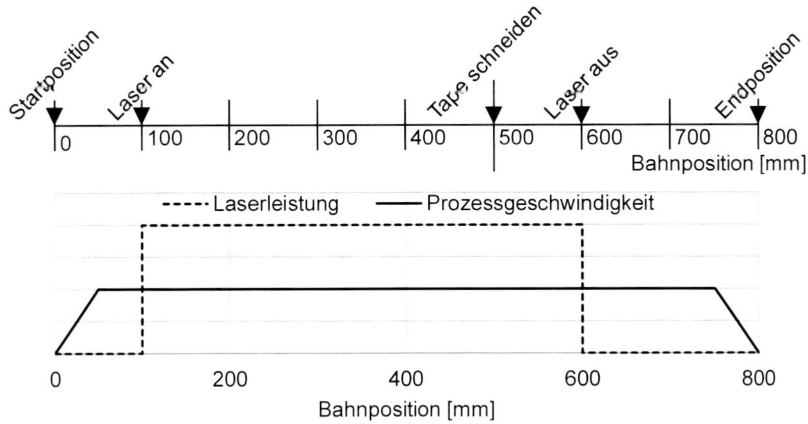

Abbildung 6.2: Schematische Darstellung des Versuchsablaufs
Schematic Depiction of a Trial Run

Für jeden Versuch einer Versuchsreihe wird ein Tape abgelegt. Der schematische Versuchsablauf ist in Abbildung 6.2 dargestellt. Dazu fährt der Industrieroboter den Tape-Verarbeitungskopf auf die Startposition. Dann wird das Tape in den Prozessbereich vorgeschoben und unter der Konsolidierungsrolle fixiert. Der Roboter beginnt die Bahnfahrt mit der gewählten Geschwindigkeit. Nach einer Strecke von insgesamt 100 mm wird der Laser mit der gewählten Leistung eingeschaltet. Nach einer Strecke von insgesamt 600 mm wird das Tape abgeschnitten. Nach einer Strecke von insgesamt 800 mm stoppt der Industrieroboter. Während des gesamten Versuchsablaufs werden wichtige Prozessdaten für die spätere Analyse aufgezeichnet.

Stichprobenartig und zufällig werden einzelne Versuche mehrfach ausgeführt, um eine höhere statistische Sicherheit bei der Versuchsauswertung zu erreichen. Dabei wird eine acht-fache Wiederholung betrachtet. Da während der stichprobenartigen Wiederholung einzelner Versuche keine signifikanten Unterschiede zwischen den einzelnen Wiederholungen festgestellt werden konnten, wurde auf eine Wiederholung aller Versuche verzichtet.

Eine einzelne Versuchsreihe wird abgebrochen, sobald in der Prozesszone aufgrund zu hoher Laserleistung eine starke Rauchentwicklung stattfindet oder eine offene Flamme entsteht.

6.2 Datenerfassung während der Versuchsdurchführung

Acquisition of Data During Process Trials

Die Thermografiekamera (siehe Kapitel 4.1) erfasst Thermografiebilder mit einer Aufnahmefrequenz von 60 Hz. Damit entsteht alle 16,67 ms ein neues Bild. Jedes einzelne Bild wird in einem Dateistream gespeichert. Eine Bildverarbeitung erfolgt an dieser Stelle noch nicht, da die Analyse der Bilder erst nach der Erfassung der Bilder erstmalig stattfinden kann. Für diesen Zweck wurde ein Programm auf Basis des Baumer GAPI SDK [BAUM20] mit der Open-Source-Bildverarbeitungsbibliothek openCV [BRAD00] entwickelt. Die Implementierung erfolgt in C++ [ISO14] und nutzt mehrere Threads für die Kommunikation mit Kamera und PLC. Diese Lösung wurde implementiert, da zum Zeitpunkt der Umsetzung Beckhoff TwinCAT Vision (siehe Kapitel 5.2.9) noch nicht verfügbar war. Die Unterschiede werden in Kapitel 6.6 diskutiert. Die Bilder werden als Rohdaten im Tagged Image File Format (Tif(f)) abgespeichert und tragen als Dateinamen einen eindeutigen Systemzeitstempel, der einem Eintrag in der Prozessdatenaufzeichnung entspricht und somit eindeutig den Prozessdaten zuzuordnen ist. Die Prozessdaten aus dem Tape-Verarbeitungskopf werden während des Prozesses im Comma-separated Values Format (CSV) gespeichert. Die Datenstruktur der für die weitere Betrachtung relevanten Werten der CSV-Datei ist in Tabelle 6.2 dargestellt. Sie enthält auch bereits die Temperaturwerte, die noch aus den Bildaufnahmen zu extrahieren sind. Die Auswertungsstrategie der Bilder wird in Kapitel 6.5.3 vorgestellt.

Dank der Prozesssteuerungssoftware (Beckhoff TwinCAT 3) und der Bildverarbeitungsfunktion (Beckhoff TwinCAT Vision), die im späteren Verlauf zum Einsatz kommen, können alle Daten in harter Echtzeit und synchron zueinander verarbeitet und aufgezeichnet werden.

Tabelle 6.2: Struktur der CSV-Datei
Structure of the CSV-Data

Spalte	Format
Index	Ganzzahl
Zeitstempel	YYYY:MM:DD:hh:mm:ss
Prozesszeit relativ zum Prozessstart	DDDD:hh:mm:ss:ms
Systemzeit	Systemzeitstempel (100 ns Auflösung)
Laserleistung	Fließkommazahl [W]
Lasereinstrahlverhältnis Tape	Fließkommazahl [%]
Prozessgeschwindigkeit	Fließkommazahl [mm/s]
Sollgeschwindigkeit	Fließkommazahl [mm/s]
Temperatur auf dem einlaufenden Tape	Fließkommazahl [°C]
Temperatur auf dem Substrat	Fließkommazahl [°C]
Solltemperatur	Fließkommazahl [°C]
Pixelposition Zwickelbereich	(Optional) Ganzzahl
Pixelposition Tape-Kante 1	(Optional) Ganzzahl
Pixelposition Tape Kante 2	(Optional) Ganzzahl

6.3 Datenanalyse

Data Analysis

Die Prozessdaten aus dem Tape-Verarbeitungskopf bedurfen keiner nähergehenden Analyse. Sie sind insofern selbsterklärend, als dass hier einzig der Verlauf der Prozessgeschwindigkeit sowie der Ein- und Ausschaltzeitpunkt des Lasers für die Analyse im Zusammenhang mit den in Kapitel 4.4 diskutierten Prozessabschnitten relevant sind. Prozessgeschwindigkeit und Ein- und Ausschaltzeitpunkte sind fest definierte Größen. Für das in dieser Arbeit zu diskutierende Temperaturregelungskonzept sind die von der Thermografiekamera erfassten Bilddaten am relevantesten, da sich aus diesen die Temperaturdaten als Eingangsgröße für die Regelung ergeben.

In einem ersten Schritt werden die Bilddaten auf verschiedene Weisen rein visuell analysiert, um erste Anhaltspunkte für eine auf den Prozess angepasste Bildverarbeitung und Merkmalsextraktion zu erhalten. Anhand der daraus gewonnenen Erkenntnisse werden die Möglichkeiten einer digitalen Bildverarbeitung diskutiert.

6.3.1 Bildanalyse

Image Analysis

Einleitend werden zur Einordnung der im Folgenden gezeigten Bilder der Thermografiekamera in Abbildung 6.3 die verschiedenen im Bild sichtbaren Elemente gekennzeichnet.

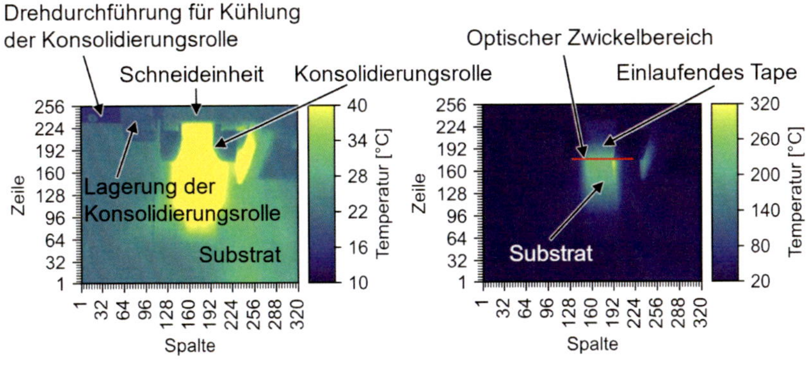

Abbildung 6.3: Sichtbare Elemente in den Bildern der Thermografiekamera
Visible Elements in the Infrared Images

Die Abszissenachse bezeichnet jeweils die Spalten eines Bildes, die Ordinatenachse die Zeilen. Die Indizierung entspricht der Position der Bildpunkte. Die Temperaturskala in Abbildung 6.3 ist auf der linken Seite von 10 °C bis 40 °C gewählt, um die mechanischen Elemente des Systems sichtbar zu machen. Auf der rechten Seite von

Abbildung 6.3 ist eine Temperaturskala von 20 °C bis 320 °C gewählt, um die Prozesszone hervorzuheben. Im weiteren Verlauf werden teilweise nur Bildausschnitte gezeigt, was entsprechend durch die Zeilenbereiche und Spaltenbereiche kenntlich gemacht wird. Das einlaufende Tape läuft immer von oben in das Bild hinein. Für den Zwickelbereich gilt im Folgenden, dass nicht der Zwickelpunkt als Berührpunkt zwischen Konsolidierungsrolle und Substrat gemeint ist, sondern der durch die Kamera sichtbare Zwickelbereich. Wie bereits in Kapitel 4.2 beschrieben, unterliegt der Bereich unter der Andruckrolle teilweise einer Abschattung vor der Laserstrahlung. Gleiches gilt auch für die Thermografiekamera, die hier ebenfalls nicht den Berührpunkt zwischen Konsolidierungsrolle und Substrat sehen kann. Der vor dem Laser abgeschattete Bereich und der vor der Thermografiekamera abgeschattete Bereich müssen nicht übereinstimmen. Der optische Zwickelbereich liegt hier ungefähr in Zeile 170 und das bestrahlte Substrat schließt im Bild unten an den Zwickelbereich an.

Im Folgenden wird für jeden Laserwinkel ein exemplarisches Bild der Thermografiekamera für eine Prozessgeschwindigkeit bei einer Laserleistung gezeigt. Aus der jeweiligen Videosequenz wird das Bild in der Mitte der Sequenz dargestellt. Durch die Wahl dieses mittleren Bildes wird sichergestellt, dass die Laserleistung aktiv ist und der Roboter auf Prozessgeschwindigkeit beschleunigt hat. Anhand der Bilder lassen sich mit bloßem Auge die Prozessbereiche erkennen. Für die Darstellung wird die Farbtabelle „Viridis" gewählt, deren Helligkeitsfunktion streng monoton ansteigt. Dadurch gewährleistet sie eine einheitlich sequenzielle Wahrnehmbarkeit. [RUDI18] Die Farbtabelle bildet linear die Temperatur im jeweiligen Bild ab. Die Temperaturskala ist in den Bildern gelistet und reicht jeweils von 20 °C bis 380 °C.

Die sechs Prozessbilder sind in Abbildung 6.4 dargestellt. Die zufällig ausgewählten Prozessparametersätze zu den einzelnen Lasereinstrahlwinkeln sind über dem jeweiligen Bild aufgelistet. Es ist erkennbar, dass außerhalb des durch den Laser bestrahlten Prozessbereich kaum Temperaturspitzen über 80 °C existieren.

In dem hier verwendeten Tape-Verarbeitungssystem vom Typ PrePro 3D des Fraunhofer IPT (siehe Kapitel 2.2.2) erfasst die Thermografiekamera bauartbedingt einen Bereich, der größer ist als die eigentliche Prozesszone. Zudem verläuft das Tape im Prozess entlang der vertikalen Auflösung der eingesetzten Kamera, die niedriger ist als die horizontale Auflösung (siehe Abbildung 6.4). Für eine optimale Auswertung sollte die höhere Auflösung der eingesetzten Thermografiekamera entlang der Prozessrichtung eingesetzt werden und die Prozesszone das Bild möglichst ausfüllen. Auf Grund der Einbaulage, Optik der Kamera und Fokuslänge der eingesetzten Optik ergibt eine Rotation der Kamera mit dem in diesem Kapitel gezeigten Aufbau keinen Informationszugewinn, auch wenn dadurch die höhere horizontale Auflösung entlang des Tapes eingesetzt würde. Diese Änderung wird jedoch im weiteren Verlauf dieser Arbeit mit Hilfe einer anderen Kamera mit anderer Optik mechanisch umgesetzt (siehe Kapitel 7).

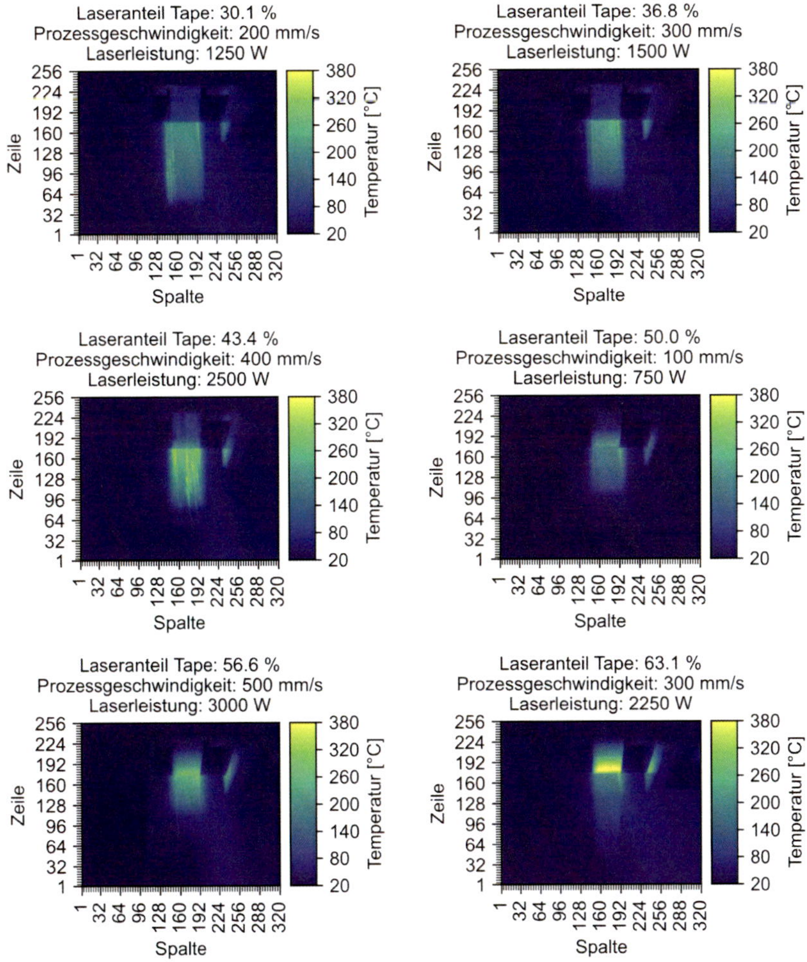

Abbildung 6.4: Prozessbilder für sechs verschiedene Prozessdatensätze

Process Images for Six Different Sets of Process Data

Gut zu erkennen sind in Abbildung 6.4 die Auswirkungen des Lasereinstrahlwinkels. Zwischen dem einlaufenden Tape auf der Konsolidierungsrolle und dem Organoblech als Substrat bestehen allerdings auch sowohl eine Reflexion der Infrarotstrahlung, die durch die Thermografiekamera aufgenommen wird, als auch eine Wärmeleitung im jeweiligen FVK-Material. Dies stimmt mit der thermodynamischen Betrachtung in Kapitel 4.2.4 überein. Einen genaueren Vergleich ermöglicht eine direkte Gegenüberstellung der relevanten Bereiche des Kamerabildes für die beiden Extremstellungen des Lasereinstrahlwinkels. Dazu werden die Spalten 120 bis 220 der Bilder isoliert und in

Abbildung 6.5 dargestellt. Die Temperaturdarstellung ist hierbei in beiden Fällen auf den gleichen Wertebereich von 20 °C bis 380 °C skaliert.

Die Auswirkungen von Reflexionen sind in beiden Fällen sichtbar. Auf der linken Seite von Abbildung 6.5 für einen Lasereinstrahlwinkel von L_A=-3° (L_T=30,1 %) ist eine Reflexion des Substrats auf das einlaufende Tape sichtbar. Bei dem gewählten Einstrahlverhältnis wird das einlaufende Tape nur zu einem sehr geringen Anteil bestrahlt. Dennoch ist eine ausgedehnte Wärmezone auf dem einlaufenden Tape erkennbar. Auf der rechten Seite für einen Lasereinstrahlwinkel von L_A=2° (L_T=63,1%) ist eine Reflexion des einlaufenden Tapes auf dem Substrat sichtbar. Hier ist eine ausgedehnte Wärmezone auf dem Substrat sichtbar, auch wenn dieser Bereich bei den gewählten Einstrahlverhältnissen nicht bestrahlt wird. Welcher Teil der Reflexion hierbei allerdings durch das Material absorbiert wurde und nun wieder durch das Material emittiert wird, lässt sich hier nicht ohne weiteres unterscheiden.

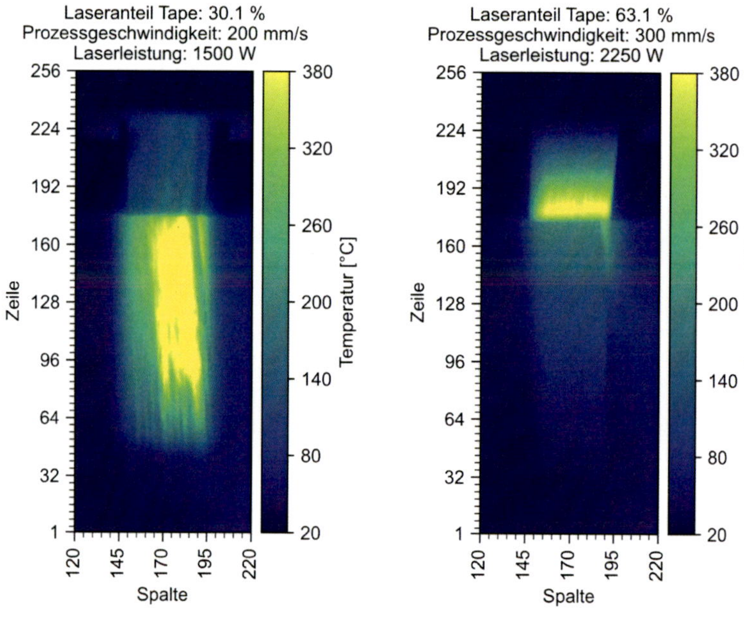

Abbildung 6.5: Gegenüberstellung der Extremstellungen des Lasereinstrahlwinkels
Comparison of the Extreme Positions of the Laser Irradiation Angle

Da nur ein Laserbrennfleck zum Einsatz kommt und damit eine auf dem Laserbrennfleck konstante Leistungsdichte vorherrscht, kann die Temperatur nur in einem Punkt bzw. einer Region sinnvoll geregelt werden. Dieser Punkt bzw. die Region kann beliebig gewählt werden. Durch Variation des Lasereinstrahlwinkels kann die Verteilung der Laserleistung allerdings gezielt zwischen einlaufendem Tape und Substrat verschoben werden. Durch diesen zusätzlichen Freiheitsgrad kann eine Temperaturregelung parallel auf einen zweiten Punkt bzw. eine zweite Region erfolgen. In der später zu diskutierenden Temperaturregelungsstrategie hat die Temperatur auf dem einlaufenden Tape die höchste Priorität. Eine Auswertung des Bereiches um den Zwickelpunkt ist problematisch, da hier die Temperaturen des einlaufenden Tapes und des Substrats vermischt werden. Das Substrat muss außerdem nicht zwingend aus dem gleichen Thermoplast wie das Tape bestehen bzw. könnte auch aus Metall bestehen. Zudem treten durch die Krümmung der Oberfläche der Konsolidierungsrolle in diesem Bereich Randeffekte auf, die die Temperaturmessung stärker beeinflussen. Für einen erfolgreichen Tape-Verarbeitungsprozess muss die Oberfläche des einlaufenden Tapes in jedem Falle schmelzförmig sein. Für die Einstellung des Lasereinstrahlwinkels sind allerdings sowohl die Temperatur des einlaufenden Tapes als auch die Temperatur des Substrats von Bedeutung.

In Ergänzung zu Abbildung 6.3 ist in Abbildung 6.6 gekennzeichnet, was auf einer Thermografieaufnahme des Prozesses (Arbeitspunkt: L_A=0° bzw. L_T=50 %, v_{Tape}=200 mm/s, P_{Laser}=330 W) im Vergleich zu einer CAD-Ansicht des Tape-Verarbeitungssystems zu erkennen ist. Die CAD-Ansicht zeigt einen größeren Ausschnitt, als die Thermografieaufnahme, um eine bessere Einordnung der Komponenten im Bauraum des Tape-Verarbeitungskopfes zu ermöglichen. Die Farbtabelle des Bildes wurde dafür auf einen Temperaturbereich von 15 °C bis 60 °C skaliert.

Besonders zu erwähnen ist der warme Bereich, der rechts der Prozesszone in den einzelnen Aufnahmen in Abbildung 6.4 sichtbar ist. Dieser lässt sich auf eine Reflexion des Prozesses auf einer Aluminiumplatte (siehe Abbildung 6.6, grüne Umrandung) zurückführen. Eine entsprechende Beschichtung dieser Aluminiumplatte könnte diese Reflexion vermindern.

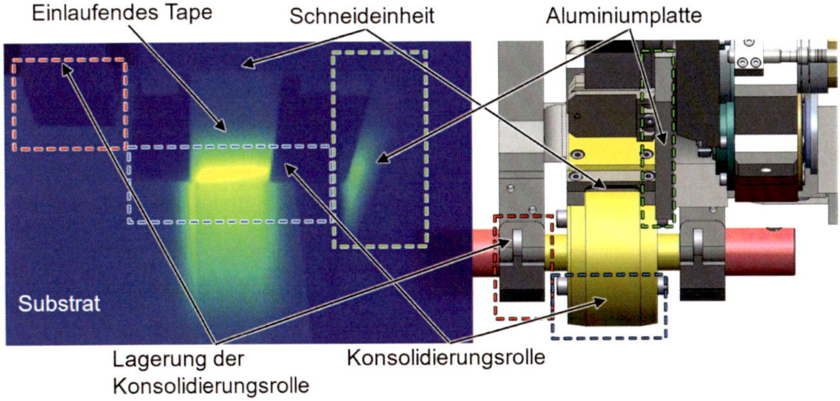

Abbildung 6.6: Vergleich einer Thermografieaufnahme mit einer CAD-Ansicht der Prozesszone

Comparison of an Infrared-Image with a CAD-View of the Process Zone

Im Vergleich zwischen Abbildung 6.4 und Abbildung 6.5 wird deutlich, dass nicht das gesamte Thermografiebild betrachtet werden muss, da nicht alle Bereiche des Bildes relevante Informationen bereithalten. Hier besteht die Möglichkeit der Segmentierung des Bildes.

Soll die Temperatur des einlaufenden Tapes, des Substrats oder die Temperatur in einem engen Bereich um den Zwickelbereich geregelt werden, muss diese präzise aus den Thermografiebildern extrahiert werden. Hier ist zuallererst erforderlich, den Zwickelbereich im Bild zu identifizieren, um daraus die Positionen des einlaufenden Tapes und des Substrats im Thermografiebild zu ermitteln.

In Abbildung 6.4, Abbildung 6.5 und Abbildung 6.6 ist der Zwickelbereich dank der eingesetzten Farbtabelle mit bloßem Auge intuitiv zu identifizieren. Da dies später automatisch geschehen soll, muss geprüft werden, ob die Bilder Eigenschaften aufweisen, die eine automatisierte Detektion des Zwickelbereichs ermöglichen. Als Hilfestellung bei der Analyse der Bilddaten wird eine andere Darstellung der Bilddaten gewählt: Für jedes Bild einer Prozessaufnahme wird die mittlere Spalte (Spalte 170) über der Prozesszone extrahiert und in eine Matrix über alle Bilder der Prozessaufnahme zusammengefügt. Während die bislang gezeigten Bilder einer Thermografieaufnahme immer ein komplettes Bild zeigen, visualisiert diese Darstellung jeweils eine Spalte aus jedem Bild einer Prozessaufnahme nebeneinander. Dies wird einmal in der bereits bekannten zweidimensionalen Darstellung und einmal als dreidimensionaler Plot der Oberfläche dargestellt. Bildnummer und Zeilennummer dienen als X- und Y-Achsen. Die Temperatur wird in der Z-Achse aufgetragen. Hierzu werden exemplarisch wieder drei verschiedene Prozessparametersätze zufällig aus der Menge aller Prozessparametersätze ausgewählt.

Abbildung 6.7 zeigt die soeben genannten Darstellungen für drei zufällig ausgewählte Prozessparametersätze. In der linken Spalte ist jeweils die zweidimensionale Darstellung, in der rechten Spalte die dreidimensionale Darstellung gewählt. Die Skalierung der Bilder geschieht automatisch in Abhängigkeit der Prozessgeschwindigkeit, da diese die Laufzeit und somit die Anzahl der Bilder für einen Versuch beeinflusst. Für die linke Spalte in Abbildung 6.7 gelten die folgenden drei Beobachtungen:

1) Jeweils ungefähr zum Ende des ersten Viertels der Prozesse ist der sprunghafte Anstieg der Temperatur zu erkennen, der durch den Sprung der Laserleistung zu erklären ist.
2) Jeweils ungefähr im letzten Viertel der Prozesse ist eine Art Riss in der Temperaturverteilung zu erkennen. Dies geschieht zum Zeitpunkt des Abschneidens des Tapes im Prozess. Das einlaufende Tape fällt nach dem Abschneiden unkontrolliert in Richtung Substrat. Daraus resultiert die plötzliche Verschiebung der Temperaturverteilung in Richtung Substrat. Aus den darauffolgenden Temperaturbildern können kaum valide Kenntnisse für eine Prozesstemperaturregelung gezogen werden, da das Tape unkontrolliert in Richtung Substrat fällt

(siehe Kapitel 4.4). Sobald dies passiert, kann der Laser nicht mehr die dem Substrat zugewandte Seite des einlaufenden Tapes bestrahlen.

3) Der Zwickelbereich lässt sich bei eingebrachter Laserleistung immer im Bereich um Zeile 174 verorten.

Für die rechte Spalte in Abbildung 6.7 kann anschaulich beobachtet werden, dass die höchste Temperatur in jedem Bild bei eingebrachter Laserleistung im Zwickelbereich liegt. Dies korreliert mit der Diskussion von Prozessgrößen mit Einfluss auf die Temperaturregelung in Kapitel 4.2. In Abbildung 4.4 ist dort dargestellt, dass im Zwickelbereich die höchste Temperatur erreicht wird. Ein Punkt auf dem einlaufenden Tape oder dem Substrat erreicht genau dort die maximale Bestrahlungsdauer und somit den höchsten Energieeintrag durch die Laserstrahlung. Erkennbar ist, dass der Temperaturverlauf hin zum Zwickelbereich nicht linear ansteigt. Auch kann beobachtet werden, dass die Temperaturverteilung über die betrachtete Spalte in den einzelnen Bildern nur geringe Abweichungen zeigt, sobald ein quasi-stationärer Prozess erreicht wurde. Als quasi-stationär wird der Prozess angesehen, sobald konstante Prozessgeschwindigkeit und Laserleistung vorherrschen und die Aufheizphasen von einlaufendem Tape und Substrat abgeschlossen sind.

Mit Hilfe folgender Erkenntnisse aus den Thermografieaufnahmen der betrachteten Prozessparametersätze müssen nun entsprechende Algorithmen zur automatisieren Bildverarbeitung abgeleitet werden. Zusammengefasst lauten diese Erkenntnisse:

- Der zu betrachtende Bildbereich kann auf einen Bereich von Interesse, in der Bildverarbeitung „Region of Interest“ (ROI) genannt, beschränkt werden.
- Der Zwickelbereich befindet sich im Bild jeweils in derselben Region, muss aber nicht zwangsweise in derselben Zeile liegen. Dies ist durch Relativbewegungen der Konsolidierungsrolle zur Thermografiekamera möglich. Ein möglicher Grund können z.B. Bahnabweichungen des Industrieroboters sein.
- Die höchste Temperatur in einer relevanten Spalte wird um den Zwickelbereich erreicht.
- Auf einen sprunghaften Anstieg der Laserleistung folgt ein sprunghafter Anstieg der Prozesstemperatur. Der Anstieg der Prozesstemperatur erfolgt zeitverzögert (Siehe Kapitel 6.5.4).
- Nach Erreichen des quasi-stationären Prozesszustandes zeigt sich ein nahezu stationäres Bild der Temperaturverteilung.
- Die Temperaturverteilung nach dem Abschneiden des Tapes unterscheidet sich signifikant von der Temperaturverteilung im laufenden Prozess.

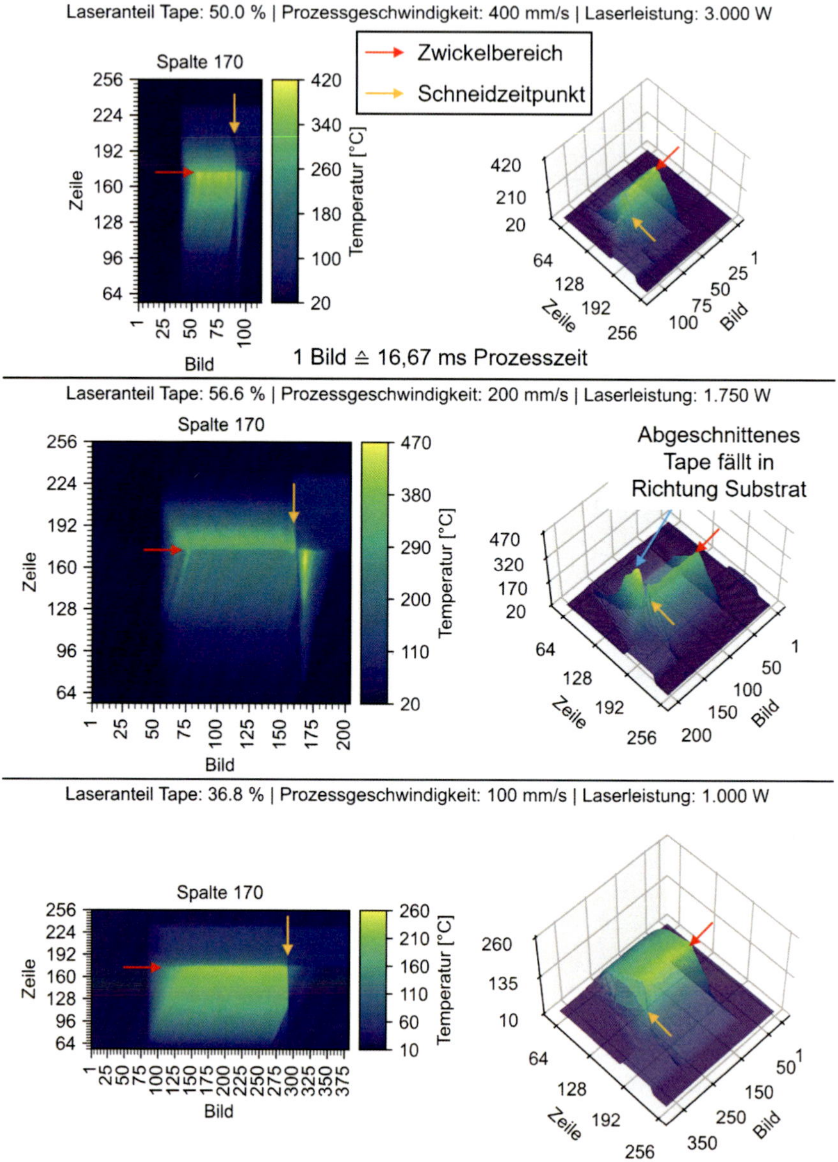

Abbildung 6.7: Darstellung der Spalte 170 für verschiedene Prozessparametersätze

Depiction of Column 170 for Different Process Parameter Sets

6.3.2 Vorbereitung der Bildverarbeitung

Preparation of the Image Processing

Die Erkenntnisse aus dem vorangegangenen Kapitel gilt es nun in entsprechende Algorithmen aus der digitalen Bildverarbeitung zu überführen, um die gewünschten Informationen aus den Thermografiebildern extrahieren zu können. Als Basis für die Bildverarbeitung dienen die Funktionen aus der Open-Source-Bildverarbeitungs-Bibliothek openCV, die sich analog in Beckhoff TwinCAT Vision wiederfinden lassen. [BRAD00; BECK20d]

In einem geschlossenen Regelkreis gilt das Prinzip, dass eine Regelgröße durch Anpassung einer Stellgröße den Wert einer Führungsgröße erreichen soll (siehe Kapitel 2.5.1). In der hier betrachteten Anwendung entspricht die Führungsgröße der Solltemperatur, die Stellgröße der Laserleistung und die Regelgröße der Prozesstemperatur, die auf Basis der Messwerte der Thermografiekamera erfasst wird. Die Regelabweichung aus Differenz zwischen Führungsgröße und Regelgröße kann als Entscheidungsgrundlage für die Variation der Stellgröße dienen. Hier besteht eine zeitliche Abhängigkeit zwischen der Variation der Laserleistung als Stellgröße und der Erfassung der Prozesstemperatur durch die Thermografiekamera als Regelgröße. Diese zeitliche Abhängigkeit ist in Abbildung 6.8 dargestellt. Die Prozesstemperatur wird zeitlich äquidistant erfasst. Zwischen diesen diskreten Abtastzeitpunkten beeinflusst die Laserleistung selbstverständlich kontinuierlich die Prozesstemperatur, was nicht direkt beobachtet werden kann.

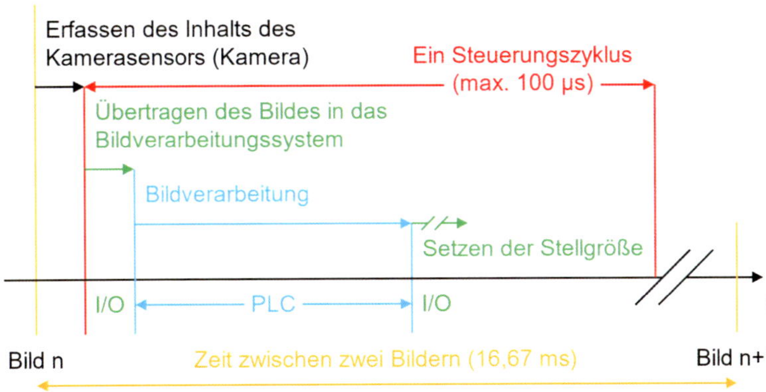

Abbildung 6.8: Zeitliche Abhängigkeit von Bilderfassung bis Setzen der Stellgröße

Temporal Dependence between Temperature Measurement and Adaption of the Control Variable

In Abhängigkeit der Bildwiederholrate der Thermografiekamera wird zu einem diskreten Zeitpunkt der Inhalt des Sensor-Arrays in den Speicher der Thermografiekamera ausgelesen. Das daraus entstandene Bild wird aus dem Speicher über einen Kommunikationskanal an das Bildverarbeitungssystem übertragen. Dort wird das Bild verarbeitet und daraus die Regelgröße extrahiert. Mit dieser Kenntnis wird die Stellgröße an die Regelabweichung angepasst. Eine Beobachtung des Prozesses ist also nur zu diskreten Zeitpunkten möglich. Ein wichtiger Ansatz ist, dass die Zeit zwischen Bilderfassung und Anpassung der Stellgröße nicht länger sein sollte als die Zeit zwischen zwei Bildern. Die Zeit zwischen zwei Bildern ergibt sich aus dem Kehrwert der Bildwiederholfrequenz (siehe Formel (6-1)).

$$t_P = \frac{1}{f_{pps}} \qquad [t_P] = s \qquad (6\text{-}1)$$

Auch sollte die Zeit zwischen Bilderfassung und Anpassen der Stellgröße möglichst gering sein.

Der erste Schritt bei der digitalen Bildverarbeitung ist häufig, Rauschen aus dem Bild zu eliminieren. Einen Filter auf das Bild anzuwenden, um damit mögliches Rauschen zu eliminieren, kostet Rechenzeit. Daher ist zu diskutieren, ob diese Operation einen merklichen Mehrwert im Vergleich zur benötigten Rechenzeit bringt. Bei der Temperaturmessung spielt die thermische Empfindlichkeit, auch „Noise Equivalent Temperature Difference“ (NETD) genannt, eine große Rolle. Die NETD ist die kleinste Temperaturdifferenz, die über dem Rauschen des Sensors erfasst werden kann. Die NETD wird durch den Hersteller einer Thermografiekamera ermittelt. Die Messung des NETD-Werts ist in der VDI-Richtlinie 5585 reglementiert [VDI18]. Gängige Infrarotsensoren weisen eine NETD von <100 mK auf [JÄHN12, S.666]. Die hier eingesetzte Thermografiekamera hat eine NETD von 50 mK (siehe Tabelle 4.1). Auf eine Rauschreduzierung über das Thermografiebild wird verzichtet. Stattdessen werden die Temperaturwerte bei der Bildverarbeitung auf eine Nachkommastelle gerundet.

Maßgeblichen Einfluss auf die Dauer der Bildverarbeitung hat die Menge der zu verarbeitenden Informationen. Die Erkenntnisse aus Kapitel 6.3.1 besagen bereits, dass Teile des Thermografiebildes keine prozessrelevanten Informationen enthalten. Diese müssen also auch nicht verarbeitet werden. Zu diesem Zweck wird nur eine ROI aus dem Bild extrahiert und weiterverarbeitet. Der Rest des Bildes wird bei der weiteren Verarbeitung ignoriert. Die Position der ROI ist abhängig von der Einbauposition der Thermografiekamera und von der Breite des zu verarbeitenden Tapes. Eine automatisierte Ermittlung der Größe und Position der ROI ist wünschenswert. Hilfreich ist, dass kein Bereich erfasst werden muss, der über die Konsolidierungsrolle hinausgeht (vgl. Abbildung 6.6). Der Bildbereich kann dazu in Abhängigkeit der Einbauposition der Kamera fest vorausgewählt werden. Eine sich während der Laufzeit verändernde Kameraposition wird ausgeschlossen, da die Kamera fest und ortsunveränderlich eingebaut ist. Eine Möglichkeit zur Erkennung der Position des Tapes in diesem vorausgewählten Bereich ist, über mehrere Zeilen über die gesamte Höhe des Bildes verteilt, das Temperaturprofil zu untersuchen. Eine Suchstrategie ist, aus beiden Richtungen eine steigende Flanke im Temperaturprofil zu suchen bzw. eine steigende oder fallende Flanke zu detektieren. In Abbildung 6.4 sind z.B. jeweils im Bereich links neben der Konsolidierungsrolle Störungen zu erkennen, die eine zuverlässige Detektion verhindern könnten. Durch die explizite Voreinschränkung der ROI auf die Breite der Konsolidierungsrolle, sollte es möglich sein, die Kantenposition des Tapes zuverlässig zu erkennen. Daher sollten die Kantenpositionen über die verschiedenen Zeilen auf dem Bild gemittelt und validiert werden. Die daraus ermittelte Position des Tapes kann als Grenze der ROI gewählt werden.

Die Erkennung des Zwickelbereichs ist die nächste Aufgabe, die innerhalb der extrahierten ROI stattfindet. Aus der Bildanalyse in Kapitel 6.3.1 wurde ersichtlich, dass der Zwickelbereich sich immer ungefähr in derselben Zeile im Kamerabild befindet. Dies gilt allerdings nur für die gewählte Einbauposition der Kamera und die korrekte Eindrucktiefe der pneumatischen Aktoren der Konsolidierungsrolle. Eine automatisierte und zuverlässige Erkennungsmethode ist auch hier notwendig. Die Bildanalyse zeigt, dass in diesem Bereich die höchste Prozesstemperatur erreicht wird. Die höchste Prozesstemperatur im Bild zur Detektion des Zwickelbereichs zu nutzen, kann eine zielführende Möglichkeit sein. Bei lokalen Maxima außerhalb des Zwickelbereichs, z.B. bei kurzem Aufflammen abstehender Fasern, könnte die zuverlässige Detektion des Zwickelbereichs allerdings fehlschlagen.

Die Bildanalyse zeigt aber auch, dass sich im Zwickelbereich im Temperaturbild eine gut sichtbare Kante abzeichnet. Eine Kante zeichnet sich in einem skalaren Thermografiebild dadurch aus, dass eine hohe Temperaturänderung senkrecht zur Kante vorliegt. [JÄHN12, S.369] Es liegt also die Vermutung nahe, dass gängige Kantendetektionsalgorithmen in der Lage sein sollten, diesen Bereich zu identifizieren. Bedingt durch die Anisotropie der Kantendetektion sollte hierzu ein Algorithmus gewählt werden, dessen Stärke darin liegt, horizontale Kanten zu detektieren (siehe Kapitel 6.5.3). [JÄHN12, S.368]

6.4 Zwischenfazit

Interim Summary

Die zweite in Kapitel 3 aufgestellte Forschungsthese kann mit den soeben erlangten Erkenntnissen bereits positiv beantwortet werden. Sie lautet:

„Eine ungekühlte Thermografiekamera hat den Nachteil einer geringen Bildwiederholrate, allerdings den Vorteil einer hohen Ortsauflösung. Die im Vergleich zu punktförmigen Messsystemen dazugewonnenen Ortsdaten können zur Optimierung des Regelkreises genutzt werden und diesen flexibler machen."

Die Thermografiekamera hat große Vorteile bei der Auswertung des Tape-Verarbeitungsprozesses. Mit ihr können viele nützliche Informationen aus dem Prozess gezogen werden. Diese Informationen können gezielt zur Optimierung des Prozesses sowie zur Verbesserung des Prozessverständnisses eingesetzt werden. Die automatisierte Erkennung signifikanter Prozessmerkmale wie der Zwickelpunktposition und der

Tape-Kanten sowie die Kenntnis über das Temperaturprofil über den Prozess ergeben einen Wissensvorsprung gegenüber punktförmigen Temperaturmessmethoden. Trotz der relativ geringen Bildwiederholrate stehen dank des großen Sichtbereiches, der die gesamte Prozesszone abdeckt, genügend Informationen zur Verfügung, um theoretisch auch zwischen den erfassten Bildern anhand von Prozessmodellen oder maschinellem Lernen gültige Temperaturwerte zu interpolieren. Diese Interpolation kann durch das bekannte Temperaturprofil sowie die weiteren bekannten Prozessparameter (z.B. Prozessgeschwindigkeit, Laserleistung, Lasereinstrahlverhältnisse) gestützt werden. Eine Modellierung der Regelstrecke wird in Kapitel 6.5.5 durchgeführt.

6.5 Umsetzung einer Temperaturregelungsstrategie

Implementation of a Temperature Control Strategy

Die hier umzusetzende Temperaturregelungsstrategie geht über den vorgestellten Stand der Technik hinaus und erweitert die in Kapitel 5.2 vorgestellte modulare Struktur des Steuerungssystems. Zu den durchzuführenden Aufgaben gehören die Planung der Programmstruktur, die Bilderfassung, die Bildverarbeitung und die Regelung der Prozesstemperatur.

6.5.1 Programmstruktur

Structure of the Program

Die notwendige Programmstruktur muss alle Schnittstellen beinhalten, die für das Gesamtkonzept relevant sind. Dazu gehören Steuerbefehle für die Thermografiekamera, Prozessdateninterfaces für Führungsgrößen, Regelgrößen und Stellgrößen. Die Programmstruktur ist in Abbildung 6.9 dargestellt.

Die Kamerasteuerung wird zyklisch ausgeführt, um die Kommunikation zur Thermografiekamera aufrecht zu halten. Mit dem Startsignal wird die Bildakquisition gestartet und jedes neue Bild aus der Kamera abgerufen. Jedes Bild wird an die Bildverarbeitungsfunktion weitergeleitet, die dadurch automatisch die Bildverarbeitung für dieses Bild durchführt. In der Bildverarbeitung werden die benötigten Temperaturen extrahiert, um damit sowohl die Prozesstemperatur als auch den Lasereinstrahlwinkel zu regeln. Die Temperaturdifferenzregelung vergleicht die Temperaturen des einlaufenden Tapes und des Substrats und regelt daraufhin die Lasereinstrahlverhältnisse auf einlaufendem Tape und Substrat. Die Prozesstemperaturregelung erhält analog zu den aus den Prozessversuchen extrahierten Daten in Kapitel 6.2 die Prozessgeschwindigkeit, die Solltemperatur und die aktuelle Temperatur des einlaufenden Tapes und stellt darüber die Laserleistung. Die detaillierte Umsetzung sowie die Diskussion der Funktionalität erfolgt in den folgenden Unterkapiteln.

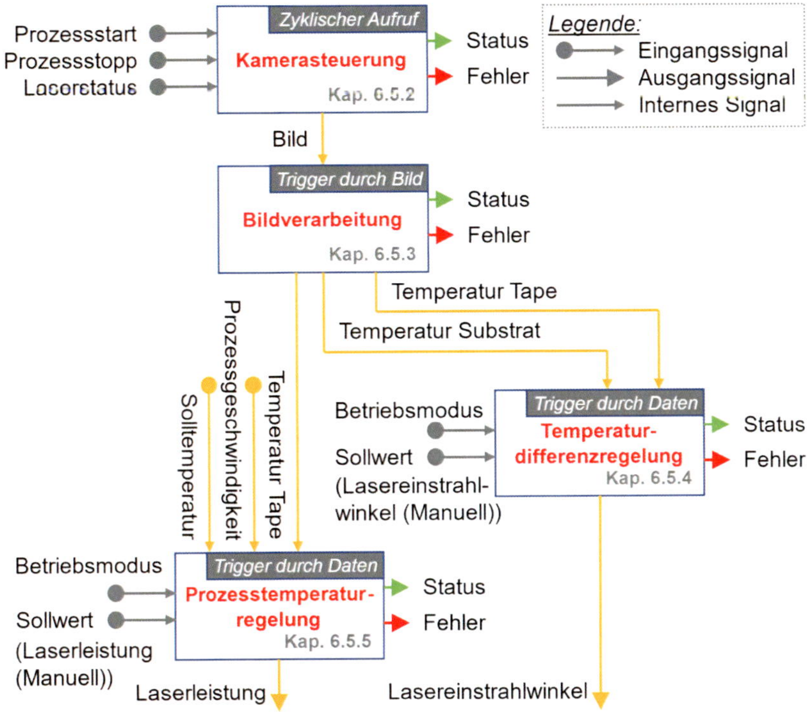

Abbildung 6.9: Programmstruktur

Structure of the Program

6.5.2 Kamerasteuerung

Camera Control

Die Steuerung der Thermografiekamera erfolgt mittels Beckhoff TwinCAT Vision über die GenICam-Schnittstelle der Kamera. [EMVA20] Der Zustandsautomat der Kameraschnittstelle inklusive seiner erreichbaren Zustände sieht für die vorliegende Anwendung wie in Abbildung 6.10 dargestellt aus.

Der Übergang zwischen den Zuständen erfolgt durch den Aufruf von Steuermethoden. Ab dem Zustand „Geöffnet“ steht ein Kontrollkanal zur Kamera zur Verfügung. Über diesen Kontrollkanal können Steuerbefehle an die Kamera gesendet werden. Thermografiekameras verfügen häufig über einen integrierten Shutter-Mechanismus, über den der Kamerasensor auf ein internes Referenzsignal kalibriert werden kann. Dieser Shutter-Mechanismus wird häufig automatisiert und zyklisch getriggert. Während des Shutter-Mechanismus werden keine Bilder aufgezeichnet, so dass es zu verhindern gilt, dass der Shutter-Mechanismus während eines Prozesses aufgerufen wird. Das automatisierte Ausführen des Shutter-Mechanismus muss über den Kontrollkanal vor Prozessstart deaktiviert werden und nach Prozessende wieder aktiviert werden. Zwischenzeitlich bietet sich ein manueller Aufruf des Shutter-Mechanismus an, der z.B. nach jedem Abschneiden des Tapes aufgerufen werden kann. Bei der hier verwendeten Kamera kann dies so durchgeführt werden. Zu beachten ist, dass je nach Kamerahersteller dieser Kontrollbefehl nicht während einer aktiven Bildakquise ausgeführt werden kann. Dies muss entsprechend implementiert werden.

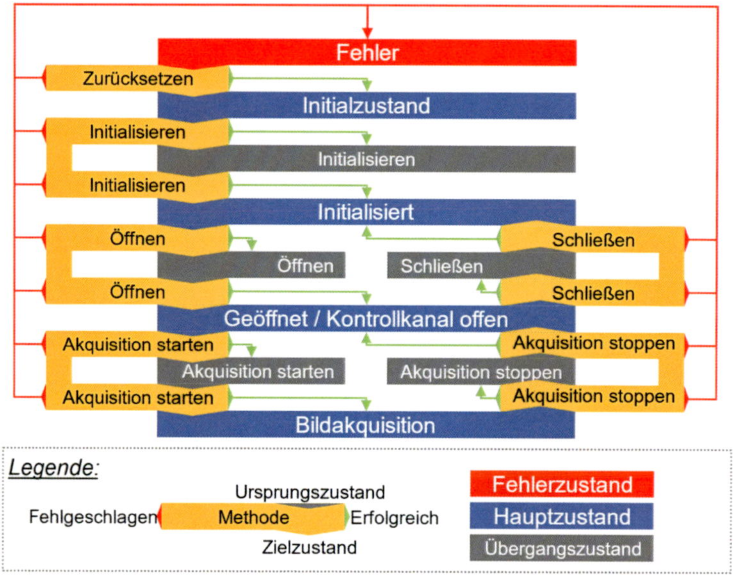

Abbildung 6.10: Zustandsautomat der Kameraschnittstelle

State Machine of the Camera Interface

Bei Programmstart wird die Verbindung zur Kamera automatisch hergestellt. Sofern keine Fehler auftreten, finden alle Statusübergänge bis zum Status „Geöffnet" statt. Von dort aus erwartet die Kamerasteuerung das Signal für den Prozessstart. Damit wird der Statusübergang zum Status „Bildakquisition" durchgeführt. Sobald dies erfolgreich durchgeführt wurde, meldet die Kamerasteuerung ihren Status an die Prozesssteuerung zurück, wodurch mit dem Programmablauf fortgefahren werden kann. Zu diesem Zeitpunkt beginnt bereits die Bildverarbeitung, indem die Kamerasteuerung die akquirierten Bilder an die Funktionen für die Bildverarbeitung weiterreicht. Sobald die Kamerasteuerung vom Laser den Status „aktiv" gemeldet bekommt, also die Laserleistung zur Verfügung steht und der Verarbeitungsprozess starten soll, wird dies ebenfalls an die Bildverarbeitung weiter gemeldet.

6.5.3 Bildverarbeitung

Image Processing

Sobald die Bildverarbeitung ein Bild aus der Kamerasteuerung erhält, wird dies verarbeitet. Die Strukturfolge der Bildverarbeitung ist in Abbildung 6.11 dargestellt.

Je nach Typ der Thermografiekamera enthält das übertragene Bild Rohwerte $R_{x,y}$ des Kamerasensors oder aber bereits Temperaturwerte $T_{x,y}$. Rohwerte $R_{x,y}$ müssen zuerst nach Herstellerspezifikation in Temperaturwerte $T_{x,y}$ umgewandelt werden. Für die hier verwendete Flir A35 Thermografiekamera ist diese Umrechnung in Formel (6-2) gegeben [FLIR16].

$$T_{x,y} = R_{x,y} * 0{,}04\,K - 273{,}15\,K \; \forall x, y \in \{\mathbb{N}_0 | x < 256 \text{ und } y < 320\} \quad [T_{x,y}] = °C \qquad (6\text{-}2)$$

Die Indizes x und y starten jeweils bei 0, wie es in der Informationstechnologie üblich ist und bezeichnen die Pixelposition im Bild.

Um die Rechenzeit für die Bildverarbeitung möglichst kurz zu halten, kann die zu verarbeitende Datenmenge reduziert werden. Aus dem Rohwertebild wird eine „Region of Interest“ (ROI) als Kopie extrahiert, die den für den Prozess relevanten Bildbereich abdeckt (vgl. Kapitel 6.3.1). Über diese ROI werden die Temperaturwerte berechnet. Die Pixel-Grenzen der ROI können dynamisch verändert werden, um verschiedenen nutzbaren Tape-Breiten gerecht zu werden. Außerhalb der ROI liegende Bereiche sind für die Betrachtung des Prozesses irrelevant und müssen entsprechend nicht berechnet werden. Da in der weiteren Betrachtung nicht das gesamte Bild berechnet wird, wird der Vollständigkeit halber das gesamte Rohwertebild in einem Prozessprotokoll gespeichert, um nachträgliche Analysemöglichkeiten nicht einzuschränken.

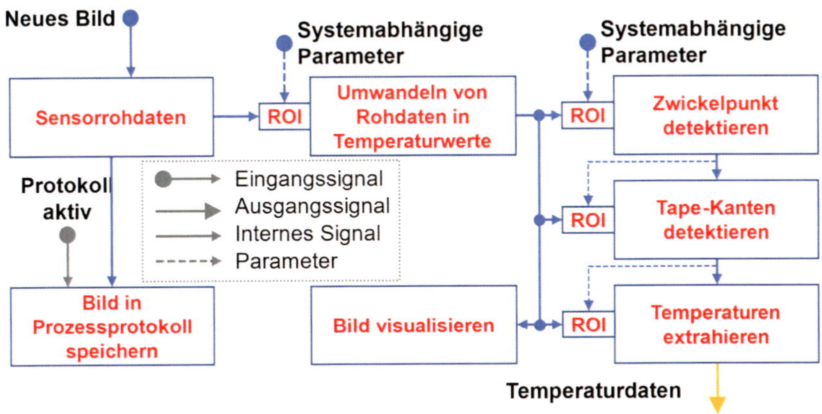

Abbildung 6.11: Strukturfolge der digitalen Bildverarbeitung

Structure of the Digital Image Processing

Innerhalb der zuvor definierten ROI wird eine weitere ROI extrahiert, in der der Zwickelbereich vermutet wird. Die Grenzen der ROI sind auch hier dynamisch veränderbar, um maximale Flexibilität für verschiedene Prozesse zu bieten. Folgende Annahmen werden im Rahmen der Auswertung als jederzeit gültig angesehen:

- Die Thermografiekamera ist mechanisch fest und ortsunveränderlich mit dem Tape-Verarbeitungskopf verbunden.
- Die Konsolidierungsrolle ist korrekt als Tool Center Point (TCP) des verwendeten Industrieroboters gesetzt und wird im Prozess korrekt positioniert.
- Es findet keine Relativbewegung zwischen Kamera und Konsolidierungsrolle statt. Mögliche und tolerierbare Schwankungen werden durch die gewählte ROI und die implementierten Algorithmen allerdings abgedeckt und kompensiert.

Eine außerhalb von Toleranzbereichen bestehende Fehlpositionierung der Konsolidierungsrolle oder der Thermografiekamera im Prozess führt zu Änderungen der Einstrahlverhältnisse und damit zu unvorhersehbaren und womöglich schädlichen Auswirkungen auf den Prozess und die Regelung. Auch wenn Relativbewegungen zwischen Konsolidierungsrolle und Kamera ausgeschlossen werden, sind diese in der Realität durch Eintauchen der Rolle dennoch möglich, da bereits der Industrieroboter keine absolute Bahngenauigkeit aufweist.

Über einen Kantendetektionsalgorithmus könnte der Zwickelbereich in Form eines horizontal verlaufenden Temperatursprungs (siehe Kapitel 6.3.1) ermittelt werden. Zur Ermittlung eines geeigneten Kantendetektionsalgorithmus werden die verschiedenen Kantendetektionsfunktionen auf alle Prozessaufzeichnungen (siehe Kapitel 6.1.1) angewandt. In dem durch den jeweiligen Kantendetektionsalgorithmus gefilterten Bild wird das lokale Maximum ermittelt und dieser Punkt als Koordinate für den Zwickelbereich angenommen. Für jeden Versuch wird über alle Prozessaufnahmen der Thermografiekamera der Zwickelbereich ermittelt. Über alle Versuche wird dann der jeweils ermittelte Zwickelbereich als identifizierte Zeile im Bild gemittelt. Zusätzlich wird ein Konfidenzintervall mit 95% Konfidenzniveau über die ermittelten Werte gebildet. Für jeden Kantendetektionsalgorithmus wurde eine Gesamtzahl von 315 Versuchsaufzeichnungen mit insgesamt 26.658 Einzelbildern ausgewertet. Bildaufnahmen, die vor dem Einschalten und nach dem Abschalten der Laserstrahlung bzw. nach dem Schneidbefehl aufgenommen wurden, wurden nicht in die Auswertung mit einbezogen. Die Ergebnisse dieser systematischen Auswertung sind in Tabelle 6.3 dargestellt.

Tabelle 6.3: Ergebnisse verschiedener Kantendetektionsalgorithmen

Results of Various Edge Detection Algorithms

Funktion	Richtung	Zeile [px]	95 % Konfidenzintervall [px]
Sobel-Operator	x (Spalten)	167,68	+/- 0,065
Sobel-Operator	y (Zeilen)	174,11	+/- 0,022
Sobel-Operator	x+y	172,28	+/- 0,053
Scharr-Operator	x	167,63	+/- 0,065
Scharr-Operator	y	174,08	+/- 0,023
Scharr-Operator	x+y	172,32	+/- 0,053
Prewitt-Operator	x	167,67	+/- 0,066
Prewitt-Operator	y	174,13	+/- 0,023
Prewitt-Operator	x+y	172,23	+/- 0,055
Roberts-Operator	x	170,84	+/- 0,063
Roberts-Operator	y	171,25	+/- 0,058
Roberts-Operator	x+y	170,49	+/- 0,064
Kirsch-Operator	Alle	177,32	+/- 0,057
Laplace-Filter	-	169,66	+/- 0,074
Canny-Filter	-	179,83	+/- 0,069
Maximalwert	-	171,84	+/- 0,084

Das Konfidenzintervall mit 95% Konfidenzniveau ist für alle ausgewerteten Funktionen viel kleiner als ein Pixel und damit vernachlässigbar klein. Sobel-, Scharr- und Prewitt-Operator arbeiten mit 3x3-Matrizen als Faltungsmatrizen, die auf das Originalbild angewandt werden und dort die partiellen Ableitungen bilden. Aus der Addition der Kantenbilder aus x- und y-Richtung entsteht ein Gradientenbild. [PREW70; SCHA00; JÄHN12] Der Roberts-Operator arbeitet nach dem gleichen Prinzip, verwendet aber nur 2x2-Matrizen als Faltungsmatrizen für die x- und y-Richtung. Der Kirsch-Operator verwendet ebenfalls 3x3-Matrizen als Faltungsmatrizen, deckt aber alle Ableitungen in 45°-Schritten ausgehend von der 0°-Richtung ab [KIRS71]. Beim Laplace-Filter werden die zweifachen Ableitungen in x- und y-Richtung auf einem Ausgangsbild addiert [JÄHN12]. Der Canny-Filter arbeitet auf Basis der Ableitungen der Gauss-Funktion [CANN86]. Bei Auswertung des Maximalwerts wird die vertikale Position des maximalen Temperaturwertes in der betrachteten ROI ausgewertet und als mögliche Zwickelposition angenommen. Obwohl der Zwickelbereich rein intuitiv als horizontal angenommen werden kann, und damit die y-Richtung die entscheidende Richtung für die Erkennung darstellt, wird die x-Richtung bei einigen Kantendetektionsalgorithmen ebenfalls betrachtet. Für den Fall, dass der Verlauf des Zwickelbereiches im Bild nicht vollständig horizontal ist, könnten einzelne Kantendetektionsalgorithmen auch bei Anwendung in x-Richtung eine erkennbare Kante im Zwickelbereich hinterlassen. Die Ergebnisse zeigen aber, dass nicht von einem nicht-horizontalen Zwickelbereich auszugehen ist, da die Ergebnisse der x-Richtung größtenteils deutlich neben dem tatsächlichen Zwickelbereich liegen.

Die optisch und manuell verifizierte Zwickelposition liegt in der Bildzeile 174 (siehe Kapitel 6.3.1). Scharr-, Sobel- und Prewitt-Operator erkennen diese Zeile zuverlässig, sofern sie nur in y-Richtung angewendet werden. Der Scharr-Operator liefert das absolut betrachtet beste Ergebnis. Sobel- oder der Prewitt-Operator würden allerdings auch zu einem validen Ergebnis führen (siehe Tabelle 6.3). Ausgehend von diesen Ergebnissen wird der Scharr-Operator für die Detektion des Zwickelbereiches eingesetzt. Die Rechenzeit ist für Scharr-, Sobel und Prewitt-Operator identisch, da es sich jeweils um eine Faltung mit einer 3x3 Matrix handelt. Die absolute Rechenzeit ist hier auf Grund der Größe der betrachteten ROI allerdings vernachlässigbar klein. Die mit dem Scharr-Operator in y-Richtung ermittelte Position des Zwickelbereiches ist als horizontale Linie in Abbildung 6.12 dargestellt.

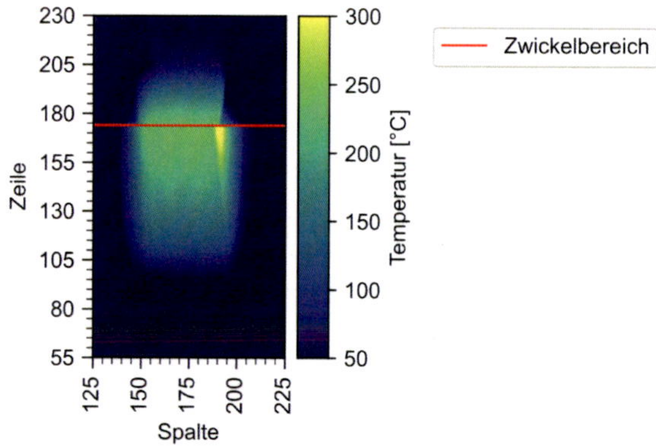

Abbildung 6.12: Position des Zwickelbereichs nach dem Scharr-Operator

Position of the Nip-Point According to the Scharr-Operator

Die ROI für den Zwickelbereich wird nun wieder aufgelöst und innerhalb der zuerst extrahierten ROI werden die Tape-Kanten ermittelt. Zwei Zeilen oberhalb des ermittelten Zwickelbereichs wird eine 100 Spalten breite ROI gebildet. Dort werden die steigende bzw. die fallende Flanke entlang des Temperaturprofils über das Tape ermittelt. Die Tape-Kanten werden ebenfalls mit Hilfe des Scharr-Operators in x-Richtung detektiert. Dank seiner Arbeitsweise mit Anwendung einer partiellen Ableitung, können sowohl steigende als auch fallende Flanke durch einmalige Anwendung des Scharr-Operators ermittelt werden. An der Stelle der Tape-Kanten ist jeweils der größte positive bzw. negative Temperatursprung zu erwarten. Durch einfache Extraktion der Positionen der minimalen und maximalen Werte im betrachteten Bereich werden die beiden gesuchten Positionen zuverlässig erkannt. Die Kanten des Tapes sind als vertikale Linien in Abbildung 6.13 dargestellt.

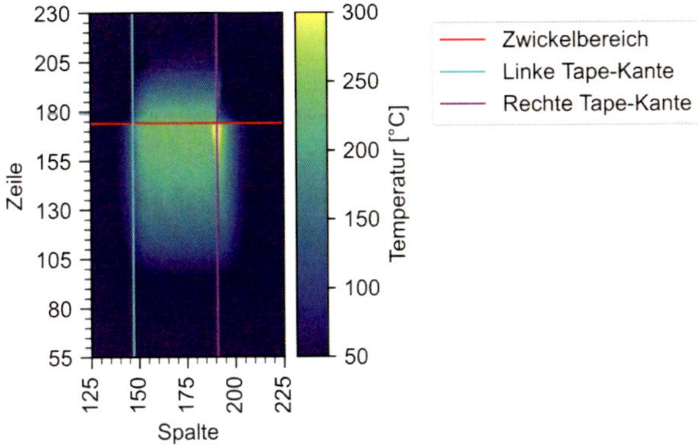

Abbildung 6.13: Ermittelte Flanken des einlaufenden Tapes

Determined Edges of the Incoming Tape

Anhand der ermittelten Tape-Breite werden mehrere Regionen über die Länge des einlaufenden Tapes und des Substrates gebildet. Die Regionen werden relativ zur erkannten Zwickelposition und automatisiert gebildet. Die Breite der Zonen beträgt die Hälfte der ermittelten Breite zwischen linker und rechter Tape-Kante. Der Abstand zum ermittelten Zwickelbereich beträgt in dem hier gezeigten Beispiel fünf Zeilen. Dies entspricht einem Abstand von ca. 4 mm auf dem einlaufenden Tape und ca. 5 mm auf dem Substrat. Der Abstand zum Zwickelbereich darf nicht zu groß sein, da ansonsten der Temperaturanstieg bis zum Zwickelbereich zu groß wird, was zu einer zu hohen Prozesstemperatur führen kann. Er soll außerdem nicht zu gering sein, um negative Effekte aus geometrischer Verzerrung und starker Reflexion zu verhindern (vgl. Kapitel 6.3.1).

Über diese Regionen wird jeweils der Mittelwert gebildet. Diese Bereiche sind beispielhaft als Rechtecke auf einlaufendem Tape und Substrat in Abbildung 6.14 dargestellt und können jederzeit auch während des Prozesses angepasst werden. Daraus ergeben sich die Temperaturen für das einlaufende Tape und das Substrat. Die Temperaturen werden dann an die weiteren Funktionen weitergegeben, wenn der Laser seine Aktivität signalisiert, er also Laserstrahlung emittieren kann.

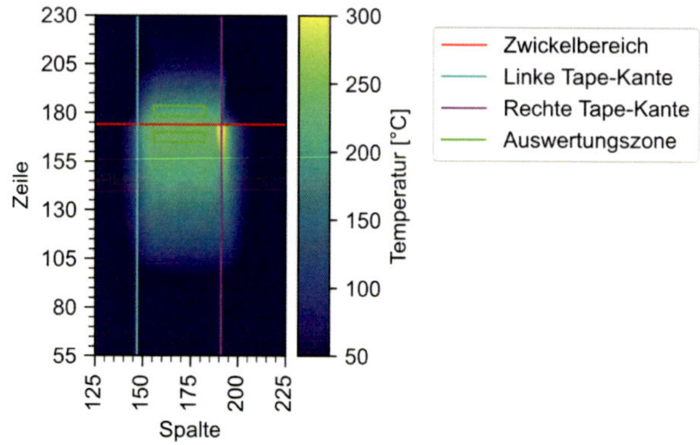

Abbildung 6.14: Beispielzonen für die Temperaturauswertung

Examplary Zones for the Temperature Evaluation

Abfangen von Fehlfunktionen

Auch wenn die hier gewählten Funktionen zur Erkennung von Tape-Kanten und Zwickelbereich in den vorhandenen Prozessdaten eine zufriedenstellende Erkennungsrate aufweisen, können Fehler nicht ausgeschlossen werden. Einige Fehler lassen sich rein logisch erkennen. So kann z.B. die linke Tape-Kante nicht rechts von der rechten Tape-Kante liegen und umgekehrt. Außerdem können Sprünge der Position der Tape-Kanten ausgeschlossen werden, sofern diese außerhalb eines einstellbaren Toleranzbereiches liegen. Für den Zwickelbereich gilt analog, dass dieser keine plötzliche Positionsänderung außerhalb eines Toleranzbereiches erfahren kann. Wird ein solcher Fall erkannt, wird jeweils auf den letzten gültigen Wert zugrückgegriffen. Bei einer Verschiebung der Position, die über einen Toleranzbereich hinausgeht, wird diese Änderung als gültig akzeptiert, sofern die Verschiebung über eine einstellbare Menge weiterer Bilder (z.B. fünf Bilder) ebenfalls erkannt wird.

6.5.4 Analyse der Regelstrecke

Analysis of the Controlled System

Im Folgenden wird die Regelstrecke anhand realer Prozessdaten analysiert, um die Validität der theoretischen Betrachtung in Kapitel 4.2.4 sicherzustellen. Anhand der in diesem Kapitel gezogenen Erkenntnisse lässt sich im nachfolgenden Kapitel eine geeignete Temperaturregelungsstrategie extrahieren.

Aufbereiten der Prozessdaten

Die während der Prozessuntersuchung aufgenommenen Bilddaten lieferten bereits wertvolle Erkenntnisse für die Bildauswertung. In einer weiteren Betrachtung der

Prozessdaten sollen ebensolche Erkenntnisse für die Prozesstemperaturregelung gewonnen werden. Dazu müssen diese zuallererst aufbereitet werden.

In einem ersten Schritt werden die erfassten Prozessdaten gefiltert. Dazu werden alle Daten, die vor Einschalten der Laserleistung und nach dem Signal zum Schneiden des Tapes angefallen sind, entfernt, da der Prozess in den Zeiträumen vor und nach diesen Ereignissen nicht aktiv geregelt wird. Mit Hilfe der in Kapitel 6.5.3 entwickelten Strategie zur Bildauswertung werden aus den verbliebenen Prozessaufnahmen noch die Temperaturen extrahiert. Für die Prozesstemperaturregelung sind in erster Linie die Prozessgeschwindigkeit, der Lasereinstrahlwinkel, die Laserleistung und die Temperatur des einlaufenden Tapes kurz vor dem Zwickelpunkt wichtig (vgl. Kapitel 6.3.1). Dies ergibt einen vierdimensionalen Parameterraum der Prozessdaten. Um diese Daten einmal zu visualisieren, bieten sich verschiedene Methoden an, da eine vierdimensionale Darstellung im dreidimensionalen Raum nicht möglich ist. MathWorks Matlab bietet dazu fertige Funktionen, die im Folgenden als Vorbild dienen und in Teilen ähnlich implementiert und genutzt werden. [MATH20]

Eine geeignete Darstellung dient dem paarweisen Vergleich aller Prozessparameter, indem diese grafisch in einer Anordnung von vier mal vier Diagrammen gegenübergestellt werden, wobei jeweils eine Zeile und eine Spalte einem Prozessparameter zugewiesen sind. Die dargestellten Prozessparameter stammen aus der hier durchgeführten Prozessuntersuchung. Dies ist in Abbildung 6.15 dargestellt.

In Abbildung 6.15 ist deutlich erkennbar, dass Lasereinstrahlwinkel und Laserleistung fest definierte Größen sind. Die Prozesstemperatur ergibt sich aus der Kombination der restlichen Prozessparameter und streut daher über einen weiten Wertebereich. Die Prozessgeschwindigkeit, die theoretisch konstant sein sollte, weist allerdings ein starkes Rauschen im Vergleich zum Sollwert auf. Da die Prozessgeschwindigkeit bis auf systembedingte Schwankungen konstant sein sollte, ist dieser Parameter kurz zu diskutieren. Mögliche Einflussfaktoren für das starke Rauschen des Signals sind hierbei:

- Bahngenauigkeit des Industrieroboters
- Sensorrauschen des Drehgebers
- Zu kurze Messintervalle des Drehgebers
- Schlupf zwischen Tape und Messrolle

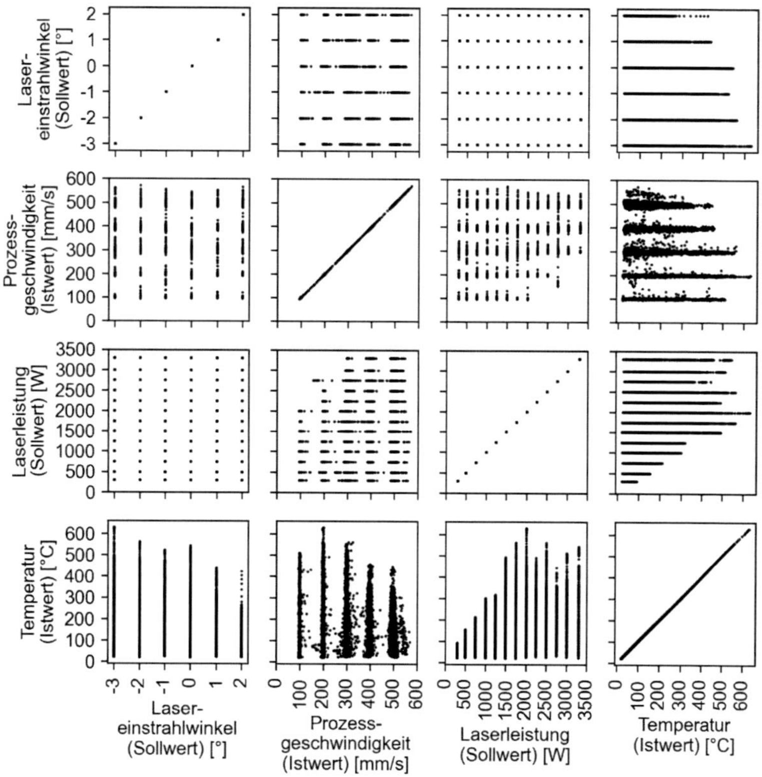

Abbildung 6.15: Paarweiser Vergleich aller Prozessparameter

Pair-wise Comparison of All Process Parameters

Ein Abbremsen des Tapes durch die Tape-Spannungseinheit wird hier ausgeschlossen, da dies vor allem Ausreißer nach unten hervorrufen müsste, da die Tape-Spannung entgegen der Ablagerichtung aufgebracht wird. Im Bereich der niedrigsten Prozessgeschwindigkeit um 100 mm/s sind allerdings keine signifikanten Ausreißer nach unten zu erkennen. Die Wiederholgenauigkeit des Roboters liegt laut Datenblatt des Herstellers bei +/- 0,08 mm. Die Bahngenauigkeit hängt allerdings stark von der Achsstellung des Roboters sowie der Traglast ab. Vor dem Hintergrund, dass die hier eingesetzten Bahngeschwindigkeiten die Möglichkeiten des Industrieroboters bei weitem nicht ausreizen und nur kurze lineare Bewegungen des TCP betrachtet werden, kann der Einfluss in dieser Größenordnung nahezu ausgeschlossen werden. Der Drehgeber, der im Tape-Verarbeitungskopf die Tape-Geschwindigkeit misst, besitzt eine Systemgenauigkeit von +/- 60 Bogensekunden. In einer Abtastzeit von 1 ms wird aus der Differenz der Zählerstande des Drehgebers zwischen dem aktuellen und dem letzten Zyklus die Prozessgeschwindigkeit berechnet. Durch möglichen mechanischen

Schlupf der Antriebsrolle des Drehgebers auf dem Tape und mechanischen Ungenauigkeiten in den einzelnen Komponenten führt dies wahrscheinlich zu dem sichtbaren Rauschverhalten der Prozessgeschwindigkeit, die nicht der realen Prozessgeschwindigkeit entspricht. Um dieses Rauschen des Geschwindigkeitssignals in Zukunft zu vermeiden, könnte die Prozessgeschwindigkeit z.B. über ein größeres Zeitfenster gemittelt werden. Der exakteste Weg wäre, die Prozessgeschwindigkeit über die Bahngeschwindigkeit des TCP des Industrieroboters zu erfassen. Die hier eingesetzte Steuerung des Industrieroboters bietet allerdings keine geeignete Schnittstelle, um dieses Signal oder die Parameter der einzelnen Achsen einfach zu erfassen und per ProfiBus an die Prozesssteuerung weiterzugeben. Daher wird die Mittelung über ein größeres Zeitfenster eingesetzt (hier: 25 ms).

Diskussion des Aufheizprozesses und Analyse der Regelstrecke

Neben der theoretischen thermodynamischen Betrachtung des Prozesses in Kapitel 4.2.4 wird nun der tatsächliche Prozess betrachtet. Die Prozessversuche aus Kapitel 6.1.1 liefern für jeden Prozessparametersatz eine Sprungantwort der Laserleistung auf das bewegte System im quasistationären Zustand der Prozessgeschwindigkeit.

Eine wichtige Erkenntnis ist, dass die Temperaturdaten in den Thermografiebildern jeweils nur eine Momentaufnahme darstellen. Sie geben nur wieder, welche Temperatur die einzelnen Bildpunkte des Kamerasensors zu einem diskreten Zeitpunkt aufgenommen haben. Jeder betrachtete Bildpunkt hat aber womöglich eine für den Prozess relevante Temperaturhistorie, welche die Regelung der Prozesstemperatur komplexer macht. Bei der Tape-Verarbeitung tritt ein fester Punkt auf dem Tape zum Zeitpunkt t_0 mit einer Temperatur T_0 in den Lasereinstrahlbereich ein. Mit einer Geschwindigkeit $v_{Prozess}$ bewegt er sich in Richtung Zwickelbereich und verlässt den beobachtbaren Prozessbereich zum Zeitpunkt t_n mit der Temperatur T_n. Über einen Zeitraum $t_{Bestrahlungsdauer}=t_n-t_0$ wird der feste Punkt auf dem Tape durch die Laserleistung erwärmt. Die Temperaturhistorie des betrachteten Punktes entspricht also seiner gesamten Verweildauer innerhalb der vom Laser bestrahlten Prozesszone. Die Verweildauer ist durch die Prozessgeschwindigkeit sowie die Lasereinstrahlverhältnisse gegeben. Entspricht T_n zum Zeitpunkt t_n nun nicht der erwarteten Temperatur T_{Soll}, muss die Laserleistung angepasst werden.

Bei einer sprunghaften Veränderung der Laserleistung sind die endgültigen Auswirkungen der Leistungsanpassung allerdings erst nach dem Zeitraum $t_{Bestrahlungsdauer}$ sichtbar, da erst zu diesem Zeitpunkt ein weiterer fester Punkt auf dem Tape den gesamten Lasereinstrahlbereich durchlaufen und damit über die Bestrahlungsdauer Wärmeenergie aufgenommen hat. Alle Bereiche in der Prozesszone, die zum Zeitpunkt der sprunghaften Änderung bereits durch den Laser bestrahlt wurden, haben eine andere Temperaturhistorie erfahren als der Punkt, der soeben erst den Lasereinstrahlbereich betritt. Wird also ein fester Bereich im Thermografiebild zur Temperaturauswertung betrachtet, findet dort bei sprunghafter Veränderung der Laserleistung keine sprunghafte Veränderung der erfassten Temperatur statt. Im Folgenden wird der Temperaturverlauf an den in Abbildung 6.16 dargestellten Zonen für den einfachen Fall des Sprungs der Laserleistung von 0 W auf 1.000 W für verschiedene Prozessgeschwindigkeiten gezeigt.

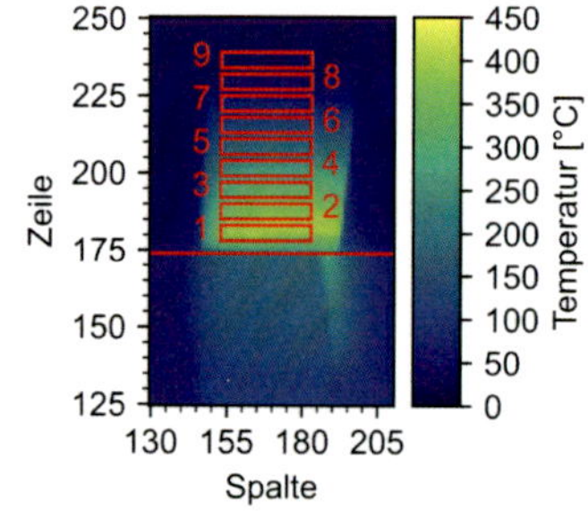

Abbildung 6.16: Zonen für Temperaturauswertung

Zones for Temperature Measurement

In Abbildung 6.17 ist der Temperaturverlauf über alle 9 Zonen für fünf verschiedene Prozessgeschwindigkeiten bei einem Lasereinstrahlwinkel von L_A=2° (L_T=63,1 %) dargestellt. Das soeben beschriebene Verhalten ist darin deutlich ersichtlich und entspricht der theoretischen Betrachtung. Je näher die betrachtete Zone am optischen Zwickelbereich zwischen einlaufendem Tape und Substrat liegt, desto höher ist die im quasistationären Zustand erreichte Temperatur. Die maximal erreichbare Temperatur hängt dabei von der Bestrahlungsdauer ab, was sich in Abbildung 6.17 durch die verschiedenen Prozessgeschwindigkeiten widerspiegelt.

Ein weiteres deutliches Merkmal ist in der Zeitspanne zwischen sprunghaftem Anstieg der Laserleistung sowie dem ersten Anstieg der Temperatur in den betrachteten Zonen zu erkennen. Hier ist eine Totzeit von etwa T_t≈100 ms zu beobachten. Die Regelstrecke verfügt hier also auf den ersten Blick über ein Verhalten ähnlich einem Verzögerungsglied erster Ordnung mit einer zusätzlichen Totzeit (PT_t-T_1-Verhalten). Es gibt verschiedene Gründe für die Herkunft dieser Verzögerung. Das eingesetzte Prozesssteuerungssystem auf Basis von Beckhoff TwinCAT 3.1 steuert den Prozess in einer Zykluszeit von 100 µs. Die Laserleistung wird als analoges Signal mit einer Spannung von 0-10 V an den Laser übergeben. Die Wandlungszeit beträgt ungefähr 40 µs. Für den eingesetzten Laser gibt es seitens des Herstellers keine vollständigen Informationen über die internen Wandlungs- und Zykluszeiten. Analoge Eingänge sind mit einer Reaktionszeit von 3 ms + 2 ms Jitter (zeitliche Schwankung) angegeben. Der mechanische Shutter des Lasers hat eine Öffnungszeit von ungefähr 100 ms. Der Prozess startet allerdings erst, wenn der Laser erfolgreich ein aktives Programm zurückmeldet. Laut Herstellerangaben erfolgt dies erst dann, wenn der Shutter geöffnet ist. [LASE13] Dies kann also nicht der Grund für die anfängliche Verzögerung sein.

Die hier im bewegten System beobachtete Totzeit zwischen Anstieg der Laserleistung und Anstieg der gemessenen Temperatur fällt bei Stillstand des Systems deutlich niedriger aus. Im Stillstand liegt die Totzeit in einem Bereich $T_t \leq 10$ ms, was in etwa den technischen Daten der gesamten Kette von Prozesssteuerung zu Laser entspricht. Dies ist nicht gesondert abgebildet, wurde aber empirisch bestätigt. Wie es also zu der Totzeit im bewegten System kommt, ist weiter zu diskutieren.

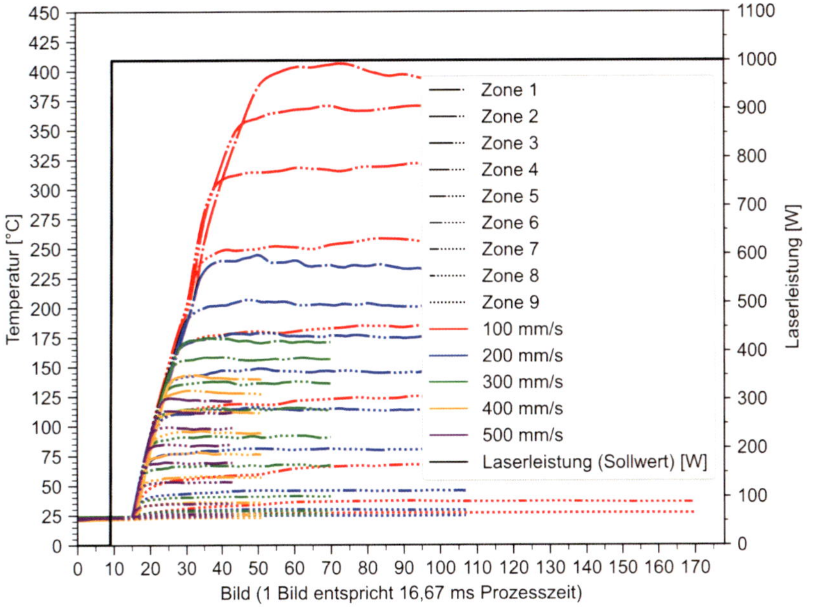

Abbildung 6.17: Temperaturverlauf in den Auswertezonen für verschiedene Prozessgeschwindigkeiten

Temperature Profile of the Measurement Zones for Different Process Velocities

Um das approximierte PT_t-T_1-Verhalten der Regelstrecke genauer zu untersuchen, wird eine simple Regelung implementiert, die nach einem einfachen Regelwerk funktioniert. Solange die beobachtete Temperatur unterhalb eines Toleranzbandes von 20 K um die Solltemperatur liegt, wird die Laserleistung um eine definierte Schrittgröße erhöht. Liegt die beobachtete Temperatur oberhalb eines Toleranzbandes von 20 K um die Solltemperatur, wird die Laserleistung um die definierte Schrittgröße verringert. Ein Anpassungsschritt erfolgt mit jedem neuen Bild der Thermografiekamera. Die Solltemperatur beträgt 180 °C und die Laserleistung ist auf einen Bereich von 300 W bis 3.330 W eingeschränkt. Die Prozessgeschwindigkeit beträgt 200 mm/s bei einem auf Tape und Substrat gleich verteilten Lasereinstrahlverhältnis. Die Ist-Temperatur wird analog zu Zone 1 in Abbildung 6.16 gemessen. Dieser Versuch ist in Abbildung 6.18 dargestellt.

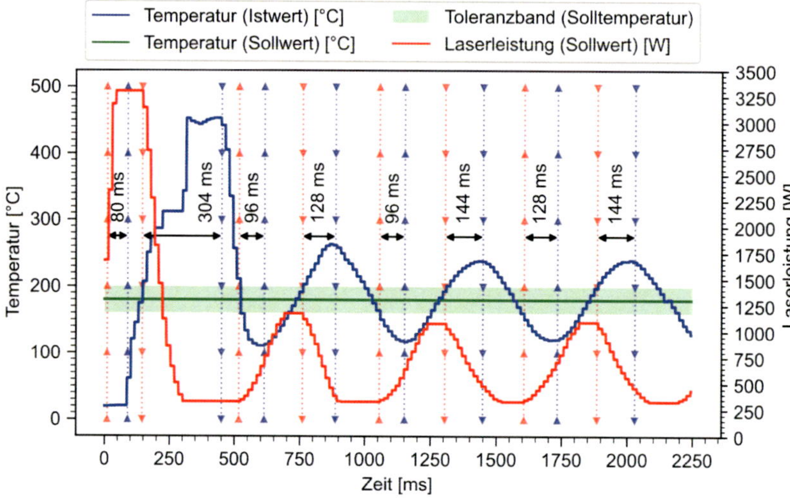

Abbildung 6.18: Zeitlicher Verlauf von Laserleistung und Temperatur

Time Course of Laser Power and Temperature

Die gestrichelten Linien mit den Pfeilen in Abbildung 6.18 zeigen die jeweiligen Zeitpunkte von Anstieg und Abfall des Istwerts der Temperatur (blau) und des Sollwerts der Laserleistung (rot). Die in die Abbildung eingefügten Zeiten bezeichnen den zeitlichen Abstand der jeweiligen aufeinanderfolgenden ansteigenden und abfallenden Flanken von Laserleistung zu Temperatur. Für die ansteigenden Signale liegt die Totzeit für diesen Versuch, der zur statistischen Absicherung zehn Mal wiederholt wurde, im Durchschnitt bei $T_t \approx 100$ ms. Dies entspricht der beobachteten Totzeit in Abbildung 6.17. Da die diskrete Bildaufnahmefrequenz der Thermografiekamera 60 Hz beträgt, ist der exakte Temperaturverlauf mit einer zeitlichen Unschärfe belegt. Dies spiegelt sich in der deutlichen Stufenabbildung der Signale wider, wie in Abbildung 6.18 erkennbar. Der genaue Umkehrzeitpunkt der betrachteten Signale ist damit nicht exakt, sondern nur mit der temporalen Auflösung der Thermografiekamera beobachtbar. Erkennbar ist außerdem, dass der zeitliche Abstand zwischen Anstieg und Abfall der Laserleistung kleiner ist als der zeitliche Abstand zwischen Abfall und Anstieg der Laserleistung. Dies begründet sich in der Temperaturhistorie des zum Zeitpunkt der Änderung der Laserleistung noch im Laserbrennfleck vorhandenen Tape-Materials. Das Material im Lasereinstrahlbereich ist nach der Anstiegsphase der Laserleistung wärmer als vor der Anstiegsphase der Laserleistung.

Eine Auffälligkeit findet sich in Abbildung 6.18 im Verlauf der Ist-Temperatur zum ersten lokalen Maximum. Die Kurve zeigt dort einen deutlichen Knick im Bereich von etwa

250 ms bis 300 ms. Durch den Anstieg der Laserleistung auf den Maximalwert von 3.300 W entsteht ein deutlicher Temperaturanstieg. Zum Zeitpunkt des Knicks in der betrachteten Kurve, hat eine starke Rauchentwicklung durch zu starkes Erhitzen des Tapes die korrekte Temperaturmessung an der Tape Oberfläche verhindert.

Zusammenfassend ist festzuhalten, dass im Stillstand des Systems keine Totzeit beobachtbar ist, die über die internen Signallaufzeiten und Signalwandlungszeiten hinausgeht. Im bewegten System ist im Aufheizprozess eine Totzeit von $T_t \approx 100$ ms unabhängig von der Prozessgeschwindigkeit zu beobachten. Während eine Totzeit im Abkühlungsprozess anhand der Temperaturhistorie des einlaufenden Tapes erklärbar ist, ist die Erklärung für die Totzeit im Aufheizvorgang schwieriger. Die beobachtete Totzeit konnte allerdings auch in anderen Prozessen mit dem hier genutzten Tape-Verarbeitungssystem bei Verwendung eines anderen Industrie-PCs und einer anderen Thermografiekamera beobachtet werden. Die jeweils konstante Komponente ist die Laserstrahlquelle, die hier als einzige verbleibende Ursache für die Totzeit in Frage kommt. Da das genaue Anstiegsverhalten unbekannt ist, muss von einem Einschwingvorgang der Laserleistung ausgegangen werden. Die Laserleistung steigt bei einer sprunghaften Änderung der Leistungsvorgabe nicht augenblicklich auf den Sollwert. Dies erklärt auch den sprunghaften Temperaturanstieg im Stillstand des Systems, da auch eine geringe Laserleistung einen Temperaturanstieg verursacht, der so im bewegten System nicht zu beobachten ist.

Neben der Prozessgeschwindigkeit beeinflusst auch das Lasereinstrahlverhältnis direkt die Bestrahlungsdauer im jeweiligen Prozessbereich auf einlaufendem Tape und Substrat. Für eine Prozesstemperaturregelung stellen sich komplexe Verhältnisse ein, wenn neben der Laserleistung auch die Lasereinstrahlverhältnisse während des laufenden Prozesses variiert werden. Das Material, das sich während der Änderung der Prozessgrößen noch im Lasereinstrahlbereich befindet, hat bereits eine Temperaturhistorie passend zu den vergangenen Prozessgrößen erfahren. Diese Temperaturhistorie, die nicht zu dem aktuellen Prozessparametersatz passt, macht die Vorhersage der Temperaturentwicklung schwieriger.

Wenn als dritte Größe nun noch die Prozessgeschwindigkeit z.B. in einer Beschleunigungsphase des Industrieroboters verändert wird, so werden die Randbedingungen für die Regelung noch komplexer und instationär. Gängige Lösungen für die Geschwindigkeitsproblematik liefern entweder Methoden wie das diskutierte „Add-on-the-fly" oder z.B. eine gesteuerte Änderung der Laserleistung während der Beschleunigungsphase, wie z.B. von WERNER vorgestellt. Beim „Add-on-the-fly" wird das Tape bei laufender Bewegung in Prozessgeschwindigkeit in die Prozesszone geführt. Bei der von WERNER vorgestellten Lösung ergibt sich die gewählte Laserleistung während der Beschleunigungsphase aus einem Produkt aus Prozessgeschwindigkeit und einem konstanten Faktor. Ab einem definierten Schwellwert der Prozessgeschwindigkeit wird auf die Regelung der Prozesstemperatur umgeschaltet. [WERN18]

Die genaue Einhaltung der Prozesstemperatur bzw. eines Prozesstemperaturbereichs ist während der Tape-Verarbeitung mit in-situ-Konsolidierung zu jeder Zeit erforderlich. Außerhalb eines festgelegten Temperaturkorridors findet keine hinreichende Konsolidierung statt, womit das Tape an diesen Stellen möglicherweise nicht seinen optimalen mechanischen Nutzen für ein etwaiges Bauteil entfalten kann, oder es kommt zur Degradation der Matrix. [KERM15]

6.5.5 Modellierung der Regelstrecke

Modelling of the Controlled System

Ein geeignetes Prozessmodell kann bei der Erarbeitung und Untersuchung einer Prozesstemperaturregelungsstrategie nützlich sein. Aus den bisher generierten Prozessdaten könnte sich ein entsprechendes Modell extrahieren lassen. Anhand der theoretischen Betrachtung in Kapitel 4.2.4 sowie den experimentell verifizierten Erkenntnissen aus dem vorangegangenen Kapitel 6.5.4 lässt sich ein solches Modell beschreiben.

Für die verschiedenen Parametersätze aus der vollfaktoriellen Prozessuntersuchung (siehe Kapitel 6.1.1) werden alle Versuche zu jeweils einer Prozessgeschwindigkeit und einem Lasereinstrahlwinkel analysiert. Zu jeder untersuchten Laserleistung einer Parameterkombination aus Prozessgeschwindigkeit und Lasereinstrahlwinkel wird im quasistationären Zustand über mehrere Bilder der Temperaturverlauf entlang der vertikalen Achse des Thermografiebildes extrahiert. Bei der Auswertung der Prozessdaten wird jeweils die höchste erreichte Laserleistung der betrachteten Parameterkombinationen ignoriert. Wie in Kapitel 6.1.1 beschrieben, wird eine Versuchsreihe bei starker Rauchentwicklung oder offener Flamme im Prozess abgebrochen, was dementsprechend bei der höchsten betrachteten Laserleistung der Parameterkombinationen auftritt. Die Betrachtung der Ergebnisse aus Abbildung 6.18 zeigte bereits, dass eine starke Rauchentwicklung im Prozess die Temperaturmessung negativ beeinflusst. Dies soll nicht Teil des Modells der Regelstrecke sein. Die aus den Temperaturverläufen bei den verschiedenen Laserleistungen extrahierten Erkenntnisse werden für die betrachteten Parameterkombinationen gemittelt.

Über das geometrische Modell des Tape-Verarbeitungskopfes [WERN18] und der optischen Abbildung der Linse der eingesetzten Thermografiekamera kann die Größe eines erfassten Pixels im Thermografiebild mit einer realen Länge in Millimeter verknüpft werden. Mit der Prozessgeschwindigkeit lässt sich die mittlere Bestrahlungsdauer t_{Therm} eines Pixels berechnen. Aus diesen Informationen kann ein eindimensionales Finite-Elemente-Modell (FE-Modell) des Prozesses errechnet werden, dass der Sicht der Thermografiekamera auf den Prozess entspricht. Das jeweils betrachtete finite Element entspricht einem Pixel.

Dabei wird für jeden Pixel ein Koeffizient C_{Therm} berechnet, der die Erwärmung von einem zum nächsten Pixel während des Prozesses in Abhängigkeit von Prozessgeschwindigkeit v_{Tape}, Lasereinstrahlwinkel L_A und Laserleistung P_{Laser} abbildet. Die

Einheit beträgt [C_{Therm}]=K/(W*ms). Aus der Bestrahlungsdauer t_{Therm} eines Pixels und der Laserleistung P_{Laser} wird im FE-Modell der Temperaturverlauf entlang des einlaufenden Tapes und des Substrats jeweils bis zum Zwickelbereich simuliert. Die beiden Ränder des FE-Modells werden mit einer Starttemperatur von 23 °C initialisiert.

Die Größenordnung der zeitlichen Änderung der Temperatur für den Stillstand des Prozesses wurde experimentell ermittelt und liegt für einen Aufwärmprozess bei maximaler Laserleistung von 3.300 W bei etwa 3,541 K/ms. Für einen Abkühlprozess bei sprunghafter Änderung der Laserleistung von 3.300 W auf 0 W liegt die experimentell ermittelte Abkühlrate bei -0.446 K/ms.

Damit sind die diskreten Parameterkombinationen aus den Prozessgeschwindigkeiten, 0, 100, 200, 300, 400 und 500 mm/s, jeweils bei Lasereinstrahlwinkeln von -3, -2, -1, 0, 1 und 2° abgedeckt. Geforderte Koeffizienten, die zwischen zwei Parameterkombinationen aus Lasereinstrahlwinkel und Prozesstemperatur liegen, werden linear bzw. bilinear interpoliert.

Das hier betrachtete Modell ist in Python [VANR11] implementiert und auch in strukturierten Text [IEC13] überführt und somit in Echtzeit lauffähig. Die Berechnung der Temperatur erfolgt nach Formel (6-3).

$$\mathrm{T_{px,n}} = \mathrm{T_{px,n-1}} + \mathrm{P_{Laser}} * \mathrm{C_{Therm}} * \mathrm{t_{Therm}} \qquad [T_{px,n}] = °\mathrm{C} \qquad (6\text{-}3)$$

Ein Test der Simulation erfolgt mit einem Ausschnitt der Laserleistungsdaten wie in Abbildung 6.18. Das Simulationsergebnis ist in Abbildung 6.19 dargestellt.

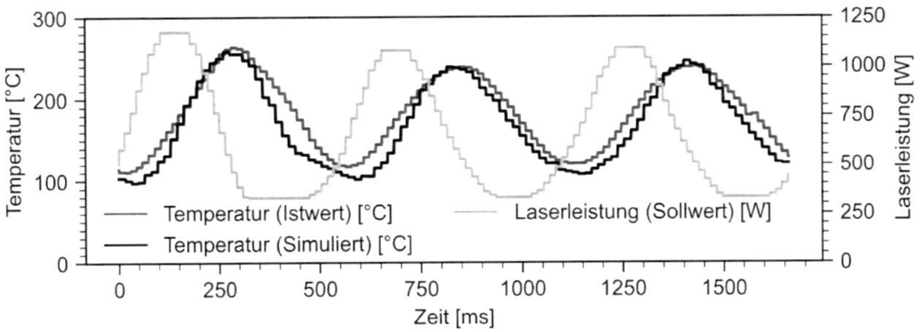

Abbildung 6.19: Vergleich zwischen Prozess und Simulation

Comparison between Process and Simulation

Die schwarze Kurve zeigt den simulierten Temperaturverlauf. Dieser bildet Verlauf und Betrag der tatsächlichen Temperatur hinreichend gut nach. Da im Simulationsmodell gewisse Vereinfachungen getroffen werden müssen bzw. implizit gegeben sind, sind leichte Abweichungen zu erwarten und auch in den Simulationsergebnissen zu erkennen. So sind sämtliche thermodynamische Effekte implizit durch die Prozessdaten enthalten, Umgebungstemperaturen und spezifische Materialtemperaturen werden als konstant angenommen und ein Aufheizen der Prozessumgebung wird vernachlässigt.

Das Prozessmodell ist allerdings hinreichend genau, um damit z.B. die Auslegung der Regelungsstrategie zu unterstützen. Eine noch präzisere Abbildung wäre mit weiteren Trainingsdaten möglich. Ebenso könnte eine weitere Dimension der betrachteten Parameter die Simulationsergebnisse verbessern. Aktuell werden nur Prozessgeschwindigkeit und Lasereinstrahlwinkel zur Ermittlung der Koeffizienten herangezogen. Es wäre ebenso möglich, die Laserleistung als dritten Parameter aufzunehmen. Aus Gründen der zusätzlichen Komplexität bei einem Wechsel von einem zweidimensionalen auf einen dreidimensionalen Parameterraum sowie den bereits akzeptablen Simulationsergebnissen wird an dieser Stelle darauf verzichtet.

Das Simulationsmodell eignet sich auf Grund der darunter liegenden Prozessdaten hinreichend gut für die Simulation des hier betrachteten Prozessablaufs. Für andere Prozesse, bei denen z.B. Material und Bauteilgeometrie abweichen, wird das Simulationsmodell voraussichtlich keine hinreichend gute Abbildung der Realität ermöglichen.

6.5.6 Prozesstemperaturregelung

Process Temperature Control

Verschiedene Regelungskonzepte wurden bereits in Kapitel 2.5.1 diskutiert. Das Ziel ist, eine möglichst universelle Regelung für die Prozesstemperatur im laserunterstützten Tape-Verarbeitungsprozess thermoplastischer Tapes zu entwickeln und zu untersuchen. Die Anforderung der universellen Anwendbarkeit auf ein breites Band an Prozessparametern ist der für die Prozesstemperaturregelung herausfordernde Faktor.

Ein PID-Regler kann mit gängigen Verfahren eingestellt werden. Dazu dienen unter anderem die Methode von ZIEGLER und NICHOLS [ZIEG42] oder die Einstellregeln nach CHIEN, HRONES und RESWICK [CHIE52]. Der PID-Regler muss aber für jeden neuen Prozess empirisch eingestellt oder z.B. anhand eines Modells berechnet werden, weshalb er die hier gewünschten Anforderungen nicht per se unterstützt.

Ein Fuzzy-Regler benötigt eine linguale Beschreibung der Regelstrecke. Da die Regelstrecke nichtlinear ist und zudem mehrere Prozessgrößen einen Einfluss auf die Regelgröße haben, ist ein multidimensionaler Parameterraum notwendig, dessen Entwicklungsaufwand und Evaluationsaufwand sehr hoch ist. Rein theoretisch eignet sich ein Fuzzy-Regler dennoch für diesen Prozess.

Eine Kombination aus Fuzzy-Logik und PID-Regler ist hier ebenso denkbar. Dabei ist eine Anpassung der Reglerparameter durch eine Fuzzy-Logik einfach zu implementieren und flexibel anzupassen. Da die Prozessparameterbereiche trennscharf definiert werden können, kann statt einer Fuzzy-Logik auch eine Parametersatzumschaltung eingesetzt werden.

Eine vielversprechende Methode liefert das maschinelle Lernen. Dank der vollfaktoriellen Parameterraumerfassung liegt eine große Menge an potenziellen Trainingsdaten vor. Diese könnten aufbereitet und für das Training eines geeigneten künstlichen neuronalen Netzes (KNN) genutzt werden. Eine Eignung ist anhand der Auswertung der Prozessdaten noch zu diskutieren.

Im Folgenden werden die vielversprechendsten Temperaturregelungskonzepte evaluiert.

Maschinelles Lernen

Um eine Überanpassung und falsche Anpassungen im maschinellen Lernen zu vermeiden, ist eine Aufbereitung der Daten unerlässlich. Zuerst werden die Daten auf eine Dezimalstelle gerundet. Dann werden doppelte Datenpunkte entfernt. Im Folgenden wird die Annahme getroffen, dass die Prozessgeschwindigkeit ebenfalls konstant ist. Alle Datenpunkte, für die diese Annahme nicht gilt, z.B. in der Beschleunigungsphase, werden entfernt. Das Ergebnis dieser Filterung ist in Abbildung 6.20 dargestellt.

Der gesamte Prozessparameterdatensatz wurde um etwa 800 Datensätze bereinigt. Es bleiben dennoch über 26.000 Datensätze übrig. Nicht abgebildet ist die Reduktion der starken Fluktuation der Prozessgeschwindigkeit auf ein Band von +/- 15 mm/s um den Sollwert durch die Bereinigung der Prozessdaten, da die Prozessgeschwindigkeit als konstant angenommen wird. Außerdem zeigen die Daten, dass bei höheren Prozessgeschwindigkeiten die maximal erreichbare Temperatur trotz maximaler Laserleistung sinkt. Bei niedrigen Prozessgeschwindigkeiten werden Temperaturen in Richtung 500 °C erreicht, ohne die maximal verfügbare Laserleistung auszunutzen. Aus den so gefilterten Daten können Trainingsdaten und Testdaten für ein maschinelles Lernen generiert werden. Zwei Drittel der Daten werden zufällig für das Training ausgewählt. Das übrige Drittel dient der Überprüfung der erzielten Vorhersagegenauigkeit des trainierten Systems.

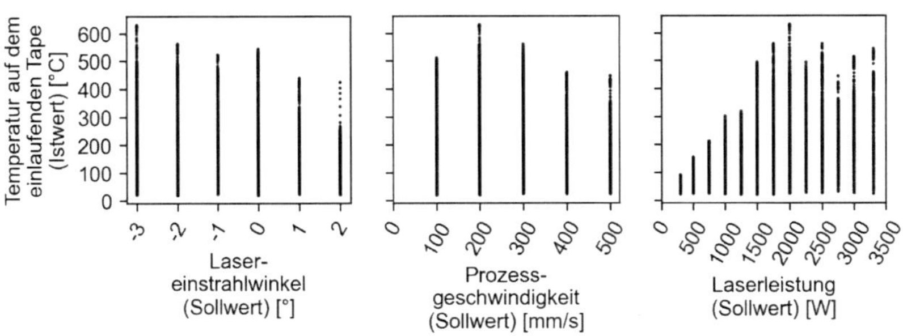

Abbildung 6.20: Gefilterter und reduzierter Datensatz

Filtered and Reduced Data Set

Einfache Anwendungen des maschinellen Lernens sind mittels Support Vector Machine (SVM), Support Vector Regression (SVR), Multi-Layer Perceptron (MLP) und Multi-Layer Regression (MLR) möglich. Ihr Training ist mit einschlägigen Softwarebibliotheken wie z.B. scikit-learn in der Skriptsprache Python realisierbar. [PEDR11] Eine einfache Bewertung eines trainierten Netzes ist mittels eingebauter Scoring-Methoden möglich. Anhand eines Testdatensatzes kann die Genauigkeit des trainierten Netzes abgeschätzt werden. Ohne an dieser Stelle detailliert auf die einzelnen Implementierungen einzugehen, konnten nach dem Training mit den Trainingsdaten anhand der vorhandenen und zugehörigen Testdaten Vorhersagegenauigkeiten zwischen 65% bis 87% erreicht werden. Auch, wenn eine Genauigkeit von 87% auf den ersten Blick vielversprechend klingt, zeigt sich in der Anwendung ein eklatantes Defizit. Die angewandten Methoden des maschinellen Lernens versuchen, die Zusammenhänge zwischen den Eingangsgrößen und der Ausgangsgröße des Netzes über eine lineare Funktion zu approximieren. Leider werden durch den rein vorwärts gerichteten Charakter der betrachteten Methoden dabei weder die Temperaturhistorie im Prozess noch das approximierte PT_t-T_1-Verhalten der Regelstrecke abgebildet, weshalb keine Anwendbarkeit der betrachteten Methoden für diesen Prozess gegeben ist. Dies wurde unter Einsatz der echtzeitfähigen Inferenzmaschine Beckhoff TwinCAT Machine Learning untersucht und verifiziert. [BECK20c] Hier ist ein schwingendes Regelungsverhalten ähnlich zu dem in Abbildung 6.18 zu beobachten. Alternativen, wie rekurrente neuronale Netze, die auch historische Daten in ihre Vorhersage einbeziehen können, liegen auf Grund ihrer enormen Komplexität, den aufwändigen Lernmethoden und der benötigten Ressourcen für das effiziente Training nicht im Fokus dieser Arbeit.

Modellprädiktive Regelung

Sofern der betrachtete Prozess modelltheoretisch umfassend abgebildet werden kann, verspricht eine modellprädiktive Regelung exzellente Ergebnisse. Wie bereits in Kapitel 2.5.1 erläutert, sind diese Rechenmodelle allerdings sehr rechenzeitintensiv. Die hier angestrebten Regelungszyklen, die sich im Zeitraum t_P zwischen zwei Kamerabildern bewegen sollen, lassen sich mit den bekannten Modellen mit Rechenzeiten zwischen mehreren 100 ms für analytische Modelle und mehreren Sekunden für numerische Modelle nicht realisieren (vgl. Kapitel 2.5.1). Das in Kapitel 6.5.5 vorgestellte Modell benötigt auf einer entsprechend leistungsstarken CPU unter 100 µs für einen kompletten Rechenschritt. Für eine modellprädiktive Regelung eignet es sich allerdings nicht, da viele Vereinfachungen getroffen werden und das Modell nur auf den hier ermittelten empirischen Prozessdaten (vgl. Kapitel 6.1.1) basiert. Eine universelle Anwendbarkeit des Modells kann daher an dieser Stelle nicht garantiert werden.

PI-Regler mit Parametersatzumschaltung

Der PI-Regler gehört zu den bekanntesten Vertretern stetiger linearer Regler. Ein PI-Regler ist grundsätzlich in der Lage, den hier betrachteten Temperaturregelungsprozess zumindest im quasistationären Zustand zu regeln. Wie in Kapitel 2.5.1 beschrieben, lässt sich der PI-Regler aber nur auf das Streckenverhalten in einem Arbeitspunkt optimieren. Auch wenn diese Optimierung in gewissen Grenzen auch die Regelung anderer Arbeitspunkte zulässt, ist sie dennoch nicht geeignet, Streckenverhalten über diese Grenzen hinaus mit hinreichender Regelgüte abzubilden. Ein Ansatz ist, den Parametersatz des PI-Reglers über eine Parametersatzumschaltung zu regeln. Auf einen differentiellen Anteil wird hier verzichtet, da dieser schnellen Änderungen der Stellgrößen entgegenwirkt. Schnelle Änderungen der Stellgröße sind allerdings möglich bzw. anzustreben und bedürfen keiner über ein PT_1-Verhalten hinausgehenden Verzögerung.

Als Eingangsgröße für die Parametersatzumschaltung dienen die Differenz zwischen Sollwert und Istwert der Prozesstemperatur $\Delta T=T_{Soll}-T_{Ist}$ sowie die Prozessgeschwindigkeit $v_{Prozess}$.

Die Entwicklung der Parametersatzumschaltung folgt in Ansätzen dem in Kapitel 2.5.1 für die Entwicklung einer Fuzzy-Logik beschriebenen Vorgehen. Für Eingangsgrößen muss eine Fuzzifizierung erfolgen. Dafür werden linguistisch beschriebene Bereiche definiert, mit dem Unterschied, dass hier keine unscharfen Mengen, sondern konventionelle Mengen zum Einsatz kommen. Die dabei betrachteten Wertebereiche der beiden Eingangsgrößen ergeben sich aus den technischen Daten des Systems sowie aus experimentell ermittelten Daten. Die Temperaturdifferenz $\Delta T=T_{Soll}-T_{Ist}$ wird im Folgenden über einen Bereich von $\Delta T \geq -220$ K (Prozess ist zu warm) bis $\Delta T \leq 260$ K (Prozess ist zu kalt) betrachtet. Beide Grenzen sind allerdings nicht abschließend, da die Parametersatzumschaltung außerhalb dieser Grenzen keine weitere Unterscheidung vornehmen wird. Die Definition der linguistisch beschriebenen Bereiche ist in Abbildung 6.21 dargestellt. Dort sind die Zugehörigkeitsgrade μ der einzelnen Bereiche über dem jeweiligen Wertebereich definiert. Da die Bereiche nicht überlappend sind, beträgt der Zugehörigkeitsgrad immer $\mu=1$. Die Bereiche sind der Einfachheit halber jeweils mit 1 beginnend durchnummeriert. Auf eine weitere ausgeprägte linguistische Beschreibung wird verzichtet.

Die Bereiche BT01 bis BT05 entsprechen einem zu warmen Prozess, der Istwert der Prozesstemperatur liegt also über dem Sollwert und es liegt ein Überschwinger in der Regelgröße vor. Der Bereich BT06 steht für einen Bereich von +/- 20 K um den Sollwert der Prozesstemperatur. Dies ist ein wünschenswerter Zielbereich für die Prozesstemperaturregelung. Die Bereiche BT07 bis BT12 entsprechen einem zu kalten Prozess z.B. während der Aufheizphase.

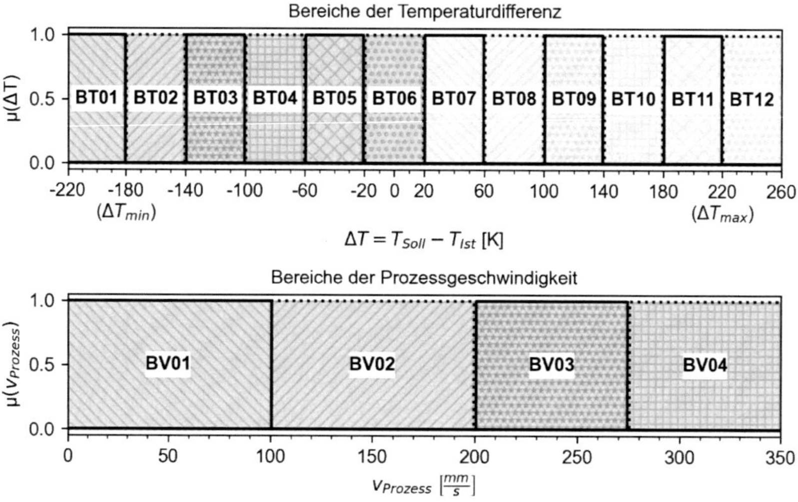

Abbildung 6.21: Bereiche der Eingangsgrößen der Parametersatzumschaltung

Areas of the Input Values for the Parameter Set Switching

Die Bereiche der Temperaturdifferenz werden für die Parametrierung der proportionalen und integralen Anteile K_p und T_N des PI-Reglers genutzt. Dank der nicht-überlappenden Bereiche ist eine gesonderte Inferenz, bei der die Wahrscheinlichkeitsfunktion berechnet wird, nicht notwendig und es kann sofort die Defuzzifizierung der entsprechenden Werte erfolgen.

Die Defuzzifizierung zu den in Abbildung 6.21 gezeigten Bereichen ist in Tabelle 6.4 dargestellt. Die Parameter stellen hierbei nicht zwangsweise das Optimum dar. Es wurde eine eher konservative Charakteristik gewählt, die ein starkes Überschwingen zum Nachteil der Einschwingzeit verhindert.

Tabelle 6.4: Parameter aus Temperaturdifferenzbereichen

Parameters from Areas of Temperature Difference

Bereich	K_P	T_N [s]	Bereich	K_P	T_N [s]
BT01	18	0,016	*BT07*	2,5	0,016
BT02	16	0,016	*BT08*	3	0,018
BT03	14	0,016	*BT09*	4,5	0,020
BT04	12	0,016	*BT10*	5	0,024
BT05	10	0,016	*BT11*	5,5	0,028
BT06	1	0,016	*BT12*	6	0,032

Je näher sich der Istwert der Prozesstemperatur von unten an den Sollwert der Prozesstemperatur nähert, desto kleiner werden der Verstärkungsfaktor K_P und die Nachstellzeit T_N. Übersteigt der Istwert der Prozesstemperatur den Sollwert, steigt K_P, um eine schnelle Reaktion zu ermöglichen. T_N bleibt ab $\Delta T \leq 60$ K auf einem konstanten Niveau. Die Nachstellzeit T_N ist in den Bereichen BT01 bis BT07 auf 16 ms eingestellt, was in etwa dem zeitlichen Abstand zwischen zwei Bildern der Thermografiekamera entspricht. In den Bereichen BT08 bis BT12 wird T_N bis zu einem Maximum von 32 ms vergrößert. Die für die Nachstellzeit T_N gewählten Parameter haben sich in empirischen Versuchen als sinnvoll herausgestellt. Die Werte für den Proportionalitätsfaktor K_P sind für die Bereiche BT07 bis BT12 mit einer konservativen Charakteristik gewählt, die verhindert, dass es zu einem Aufschwingen des Systems kommt. Im Bereich BT06 ist K_P=1 gesetzt, da hier das gewünschte Prozesstemperaturfenster erreicht ist und der Integralanteil die Regeldifferenz ausgleichen soll. Für die Bereiche BT01 bis BT05, in denen der Prozess zu warm ist, wurde K_P so gewählt, dass ein deutlicher Sprung in der Stellgröße erreicht werden kann. Im Bereich BT01 ist K_P so groß gewählt, dass die Laserleistung auf P_{Laser}=0 W reduziert wird.

Die Bereiche der Prozessgeschwindigkeit werden zur Dämpfung bzw. Verstärkung der Reglerparameter genutzt. Als Faustregel gilt, dass die Parameter bei langsamen Prozessen gedämpft werden und bei schnellen Prozessen verstärkt werden müssen. Dadurch wird die Anstiegszeit minimiert und der Betrag der Überschwinger geringgehalten. Die entsprechenden Funktionen sind in Abbildung 6.22 dargestellt.

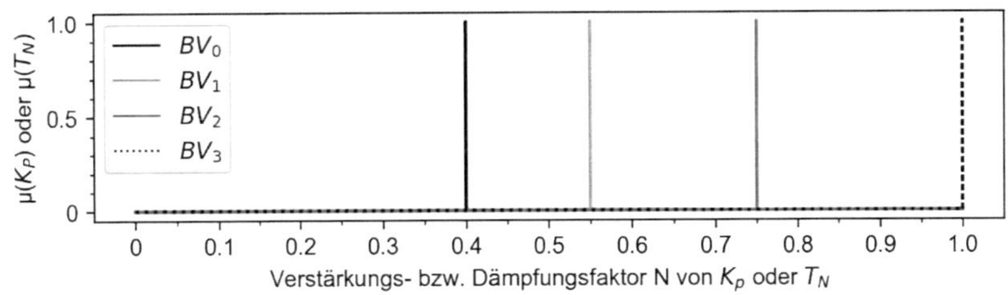

Abbildung 6.22: Einflussstärke der Reglerparameter in Abhängigkeit der Prozessgeschwindigkeit

Influence of the Controller Parameters Depending on the Process Velocity

Die Werte für die Reglerparameter $K_{P,max}$ und $T_{N,max}$ sowie für die Dämpfung bzw. Verstärkung N wurden anhand von Prozessuntersuchungen und mit Hilfe des Prozessmodells ermittelt und überprüft. Ein Reglerparametersatz wird dementsprechend aus dem Produkt aus den Parametern der Defuzzifizierung der Temperaturdifferenz und der Prozessgeschwindigkeit gebildet. Für K_P gilt K_P=K_P*N und für T_N gilt T_N=T_N/N. Mit steigender Prozessgeschwindigkeit steigt K_P und T_N sinkt.

Immer dann, wenn die Parametersatzumschaltung einen neuen Parametersatz generiert, wird dieser kontrolliert an den PI-Regler übergeben. Um eine sprunghafte

Veränderung der Stellgröße und damit eine sprunghafte Veränderung der Regelgröße zu verhindern, wird die proportionale Verstärkung über ein Verzögerungsglied erster Ordnung mit einer Zeitkonstanten von 50 ms angepasst. Eine sprunghafte Veränderung der Nachstellzeit hat durch den aufsummierenden Charakter des Integralanteils keinen sprunghaften Einfluss auf die Stellgröße. Daher kann eine Änderung der Nachstellzeit direkt an den Regler übergeben werden. Die Reglerstruktur wird außerdem mit einer wie in Kapitel 2.5.1 erläuterten Anti-Wind-Up-Schaltung versehen. Zusätzlich wird dem Regler nicht gestattet, die Leistung unter ca. 10% der maximalen Laserleistung zu stellen. Die minimal eingestellte Laserleistung beträgt hier 300 W.

Trotz des bereits beschriebenen instationären Charakters des betrachteten Tape-Legeprozesses, kommt der Prozesstemperaturregler nicht nur während der quasi-stationären Prozessphase zum Einsatz, sondern auch während der Beschleunigungsphase, da er in der Lage ist, auch diesen Prozessabschnitt zu regeln. Die von WERNER beschriebene Methode der gesteuerten Änderung der Laserleistung während der Beschleunigungsphase wird nicht angewendet. Da das Tape nach dem Abschneiden vor dem geplanten Bahnende nicht mehr kontrolliert in den Zwickelbereich geführt wird, sondern auf Grund der Eigensteifigkeit unkontrolliert herunter schnellt, wird die Regelung mit dem Zeitpunkt des Schneidbefehls deaktiviert. Die Laserleistung wird auf dem zuletzt geregelten Wert gehalten. Der Laserstrahl wird mit dem Schneidbefehl maximal in Richtung Substrat geschwenkt, da das einlaufende Tape dann auf der Substratoberfläche aufliegt.

6.5.7 Temperaturdifferenzregelung für Lasereinstrahlverhältnisse

Temperature Difference Control for Laser Irradiation Ratios

Um eine optimale Temperaturverteilung zu erreichen, muss der Lasereinstrahlwinkel entsprechend eingestellt werden. Hier wird der einfache Ansatz verfolgt, die Differenz zwischen der ermittelten Temperatur auf dem einlaufenden Tape und der ermittelten Temperatur auf dem Substrat zu minimieren. Dazu wird der Lasereinstrahlwinkel schrittweise in Richtung der niedrigeren Temperatur verschoben, sofern die Temperaturdifferenz einen einstellbaren Schwellwert überschreitet. In Abhängigkeit der Tape-Geschwindigkeit wird die maximale Änderungsfrequenz des Lasereinstrahlwinkels gewählt. Die Schrittweite kann optional auch manuell eingestellt werden, um die Änderungsrate anpassen zu können. Dadurch soll gewährleistet werden, dass die Bewegung vor der nächsten Änderungsanforderung beendet werden kann und sich der Prozess auf die veränderten Bedingungen einschwingen kann. Der Ausgangspunkt der Lasereinstrahlverhältnisse kann beliebig angepasst werden und somit von einem möglichst optimalen Ausgangspunkt gestartet werden. Ein Hin- und Herpendeln der Laseroptik sollte vermieden werden.

Als Pseudocode kann die Temperaturdifferenzregelung für die Lasereinstrahlverhältnisse wie folgt dargestellt werden:

```
PROGRAMM Temperaturdifferenzregelung
  Temperaturdifferenz = T_Einlaufendes Tape - T_Substrat
  WENN ÄnderungszeitpunktErreicht() DANN
    WENN Temperaturdifferenz > Schwellwert DANN
      WinkelNeu = WinkelAlt - Inkrement
    ODER WENN |Temperaturdifferenz| > Schwellwert DANN
      WinkelNeu = WinkelAlt + Inkrement
    SONST
      WinkelNeu = WinkelAlt
    /WENN
  SONST
    WinkelNeu = WinkelAlt
  /WENN
  LimitiereWinkelAufSystemgrenzen(WinkelNeu)
  ÄndereWinkel(WinkelNeu)
/PROGRAMM
```

Bei den hier betrachteten Tape-Legeprozessen müssen die Lasereinstrahlverhältnisse auf Tape und Substrat allerdings nicht zwangsweise während des Prozesses angepasst werden. Unter der Annahme, dass der Untergrund, auf den das Tape aufgebracht werden soll, vor dem Prozess eine homogene Temperatur hat, können die Lasereinstrahlverhältnisse während des Prozesses konstant bleiben. Einzig eine fehlerhafte Voreinstellung der Lasereinstrahlverhältnisse könnte eine Anpassung erforderlich machen. Dies wird bei der experimentellen Validierung in Kapitel 7.1 ersichtlich. Deutlich relevanter ist eine solche Temperaturdifferenzregelung aber bei Tape-Wickelprozessen, bei denen sich das mit Tape umwickelte Bauteil während des Prozesses zunehmend erwärmt und somit zunehmend weniger stark aufgeheizt werden muss. Dadurch kann der Fokus mehr in Richtung des einlaufenden Tapes verschoben werden und dadurch unter Umständen ebenfalls Energie eingespart werden, da weniger Laserleistung benötigt wird (siehe Kapitel 4.2.4).

6.5.8 Betrachtung der Wirkzusammenhänge im Regelkreis

Consideration of the Interdependencies in the Control Loop

Der Prozess der laserunterstützten Tape-Verarbeitung wird durch verschiedene Faktoren beeinflusst. Abbildung 6.23 zeigt eine Aufstellung dieser Einflussfaktoren.

Aus den in Abbildung 6.23 gezeigten Einflussfaktoren sind nur die Parameter Laserleistung P_{Laser} und Lasereistrahlwinkel L_A Stellgrößen der Prozesstemperaturregelung. Alle anderen Einflussfaktoren sind entweder extern oder durch den Prozess selbst vorgegeben. Durch den Prozess selbst vorgegeben sind z.B. die Prozessgeschwindigkeit v_{Tape} und das eingesetzte Tape-Material. Sofern möglich, können Umgebungsbedingungen sowie die Temperaturen der Konsolidierungsrolle und einer Werkzeugform beeinflusst werden. Bis auf die Prozessgeschwindigkeit sind alle weiteren Einflussgrößen allgemein unter Störgrößen zusammengefasst. Weiterhin geht auch die bereits erlangte Prozesstemperatur bzw. Temperaturhistorie in der Prozesszone mitkoppelnd in die Regelstrecke ein.

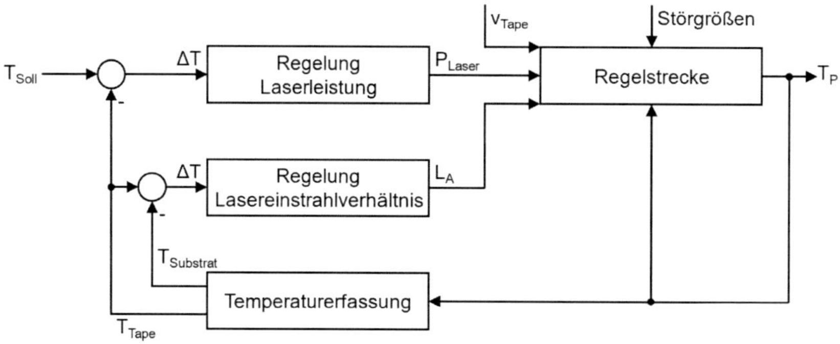

Abbildung 6.23: Einflussfaktoren und Wirkzusammenhänge des geregelten Systems

Influencing Factors and Interactions of the Controlled System

Es gibt zwischen den einzelnen Einflussfaktoren keine gegenseitige Beeinflussung, wohl aber gewisse Zusammenhänge. Bei z.B. konstanter Laserleistung und konstanter Prozessgeschwindigkeit hat das Lasereinstrahlverhältnis keinen linearen Einfluss auf die Prozesstemperatur, je nachdem wie sich der konstante Laserbrennfleck geometrisch auf die bestrahlte Oberfläche verteilt. Eine Verdopplung der bestrahlten Fläche z.B. auf dem einlaufenden Tape hat keine Verdopplung der gemessenen Temperatur zur Folge. Bei konstanter Laserleistung und konstanten Lasereinstrahlverhältnissen hat die Prozessgeschwindigkeit ebenfalls keinen linearen Einfluss auf die Prozesstemperatur. Eine Verdopplung der Prozessgeschwindigkeit hat keine Halbierung der Prozesstemperatur zur Folge (vgl. Abbildung 6.17). Bei konstanter Prozessgeschwindigkeit und konstanten Lasereinstrahlverhältnissen hat die Laserleistung genau wie die anderen soeben betrachteten Parameter keinen linearen Einfluss auf die Prozesstemperatur. Auch hier bewirkt eine Verdopplung der Laserleistung keine Verdopplung der Prozesstemperatur. Es handelt sich hierbei also um eine nicht-lineare Übertragungsfunktion mit Rückkopplung. Auf die Ermittlung dieser Übertragungsfunktion wird im Folgenden verzichtet, da außerdem die Übertragungsfunktionen weiterer Systemkomponenten unbekannt sind. Dazu gehört unter anderem die Regelung der Laserleistung im verwendeten Diodenlaser, die nach den Erkenntnissen aus Kapitel 6.5.4 ebenfalls zumindest kein lineares Verhalten aufzuweisen scheint. Eine Approximation der Übertragungsfunktion bietet an dieser Stelle keinen Mehrwert.

6.6 Diskussion alternativer Implementierungsmethoden

Discussion of Alternative Implementations

Neben der Nutzung von Beckhoff TwinCAT Vision oder Beckhoff TwinCAT Machine Learning wurden auch alternative Implementierungskonzepte zur Bildverarbeitung und Temperaturregelung evaluiert. Die folgenden Unterkapitel skizzieren und diskutieren die Ergebnisse dieser Evaluation kurz.

6.6.1 Nutzung von Grafikprozessoren für die digitale Bildverarbeitung

Usage of Graphics Processors for Digital Image Processing

Da die Verarbeitungsgeschwindigkeit der Bilddaten im Prozess eine große Rolle spielt, liegt der Einsatz spezialisierter Rechnerarchitekturen für die Bildverarbeitung nahe. Insbesondere moderne Grafikprozessoren (GPU) können dank ihrer spezialisierten Architektur mit teilweise mehreren tausend Kernen komplexe Algorithmen dank starker Parallelisierung zeiteffizienter ausführen als ein normaler Prozessor (CPU). Ansätze für die Nutzung der GPU als ausführende Recheneinheit sind Nvidia CUDA [NICK08] und der quelloffene Standard OpenCL [KHRO20]. Beide sind z.B. mit openCV als quelloffener Bildverarbeitungsbibliothek kompatibel. Bei Bildern mit sehr hoher Auflösung (z.B. größer als 4.096 x 4.096 Pixeln) kann die Beschleunigung (Speedup) durch Berechnung auf einer GPU verglichen mit der Berechnung auf einer CPU teilweise größer als Faktor 10 sein. Hierzu wurden Versuche mit openCV und Nvidia CUDA durchgeführt. [KUKL17a] Bei niedrig aufgelösten Bildern wie in der hier betrachteten Anwendung lässt sich allerdings kein Speedup erzielen. Durchgeführte Messungen, die diverse Bildoperationen anwenden, zeigen einen Speedup, der deutlich unter eins liegt. Die Berechnung auf der GPU dauert also sogar länger als die Berechnung auf der CPU.

Ein Vergleich wurde mit folgender Hardware- und Softwarekonfiguration durchgeführt, um den möglichen Speedup unter Einbeziehung der Erkenntnisse aus der Bildverarbeitung (Kapitel 6.5.3) näher zu untersuchen:

Software:

- openCV 4.5.0 x64
- Visual Studio 2019
- Nvidia CUDA 11.1

Hardware #1:

- CPU: Intel Core i7 8550U
- GPU: Nvidia Geforce MX150

Hardware #2:

- CPU: Intel Core i5 9400F
- GPU: Nvidia Geforce GTX 1070

Als Ausgangswert wird eine Bildmatrix erstellt und mit Zufallswerten gefüllt. Der betrachtete Bildverarbeitungsfluss ist an Kapitel 6.5.3 angelehnt und besteht aus der Umrechnung der Sensorrohwerte in Temperaturwerte, einer Rotation des Bildes, der Zwickelpunktdetektion mit dem Scharr-Operator, der Ermittlung der Tape-Kanten und der

Temperaturextraktion aus daraus abgeleiteten Zonen. Die Komplexität sämtlicher Operationen im betrachteten Bildverarbeitungsfluss skaliert rein über die Größe des eingesetzten Bildes, nicht aber mit dem Bildinhalt. Daher liefern sie eine gute Basis für die Bewertung der Berechnungszeiten. Die einzelnen Zeitmessungen werden jeweils über eine Folge von 1.000 Bildern gemittelt. Hierbei konnte die Berechnung auf der GPU in keinem der Experimente die Berechnung auf der CPU in der benötigten Rechenzeit unterschreiten. Auf Hardware #1 beträgt die Rechendauer auf der CPU ca. 0,28 ms. Auf der GPU beträgt die gesamte Verarbeitungsdauer ca. 45 ms.

Allein der Overhead für das Laden des Bildes in den Speicher der GPU beträgt in diesem Fall bereits 2 ms. Weiterhin sind die ausgeführten Operationen auf den einzelnen Bildausschnitten nicht allzu anspruchsvoll, so dass eine GPU hier keine besonderen Vorteile durch Parallelisierung erreichen kann. Zudem treten weitere Verzögerungen durch die Kommunikationsschnittstelle mit der Prozesssteuerung auf, die aus dem Benutzerbereich des Betriebssystems in die Echtzeitumgebung der Prozesssteuerung im Kernelbereich des Betriebssystems übertragen werden muss. Daher wurde auf die Nutzung von Nvidia CUDA oder OpenCL zugunsten von Beckhoff TwinCAT Vision verzichtet. Mit TwinCAT Vision können die hier benötigten Bildverarbeitungsoperationen in unter 100 µs durchgeführt werden.

6.6.2 Nutzung von lizenzkostenfreien oder quelloffenen Softwarebibliotheken für die Bilderfassung und -verarbeitung

Usage of License Free or Open-Source Software for Image Acquisition and Processing

Wie bereits in Kapitel 6.2 erwähnt, wurde im Rahmen dieser Arbeit eine Implementierung über das Baumer GAPI SDK [BAUM20] für die Bilderfassung und openCV [BRAD00] für die Bildverarbeitung entwickelt, da Beckhoff TwinCAT Vision [BECK20d] zu dem Zeitpunkt noch nicht verfügbar war. Der signifikante Unterschied zwischen beiden Lösungen ist, dass die Nutzung der selbstimplementierten Lösung im Benutzerbereich des Betriebssystems, also außerhalb des Echtzeitkontextes im Kernelbereich ausgeführt wird. Zusätzlich entsteht ein weiterer zeitlicher Overhead bei der Kommunikation mit der Prozesssteuerung. Während rein funktionell und algorithmisch wenig Unterschied zwischen beiden Lösungsansätzen besteht, bietet Beckhoff TwinCAT Vision den Vorteil, dass die Bilddaten in Echtzeit direkt in den Speicher der echtzeitfähigen Steuerung geladen werden und dort zeitsynchron zum Prozess verarbeitet werden. Beckhoff TwinCAT Vision vereint eine echtzeitfähige GigE Vision/GENAPI Schnittstelle mit einer Funktionsvielfalt, die openCV nahekommt und sich ebenfalls offen erweitern lässt. Daher wurde die selbstentwickelte Software für die Bildverarbeitung schlussendlich verworfen und die Implementierung der Bildverarbeitung in die Prozesssteuerung mit Beckhoff TwinCAT 3.1 überführt. Dadurch erhält die hier implementierte Lösung eine höhere industrielle Reife und Akzeptanz und eine deutlich bessere Echtzeitfähigkeit.

6.6.3 Nutzung von lizenzkostenfreien oder quelloffenen Inferenzmaschinen für die Ausführung des trainierten Temperaturreglers

Usage of License Free or Open-Source Software for the Execution of the Trained Temperature Controller

Im Bereich des maschinellen Lernens existieren viele verschiedene proprietäre und quelloffene Bibliotheken für das Training und die Ausführung von Netzen. Populär sind z.B. Lösungen in der Skriptsprache Python. [VANR11] Hier kommen prinzipiell dieselben Nachteile wie im vorangegangenen Kapitel 6.6.2 zum Tragen, nämlich die Ausführung außerhalb des Echtzeitkontextes und damit asynchron zum Prozess sowie der zusätzliche Kommunikationsoverhead zur Übertragung von Daten in die Prozesssteuerung hinein und aus der Prozesssteuerung heraus. Daher bietet TwinCAT Machine Learning die geeignete Plattform für diese Anwendung, bei der es um zyklussynchrone Reaktionszeiten geht. TwinCAT Machine Learning wird genauso wie alle anderen TwinCAT Produkte im Echtzeitkontext im Kernelbereich des Betriebssystems, also außerhalb des Benutzerbereichs ausgeführt. Die Implementierung des PI-Reglers mit Parametersatzumschaltung bedarf keiner speziellen Software und kann problemlos mit Beckhoff TwinCAT 3.1 durchgeführt werden.

7 Prozesstechnische Untersuchung als Machbarkeitsnachweis

Process Engineering Investigation as Proof of Feasibility

Die in den vorangegangenen Kapiteln theoretisch und praktisch umgesetzte Temperaturregelungsstrategie soll im Folgenden bewertet werden. Dazu werden verschiedene Beispielprozesse durchgeführt und analysiert. Dies ermöglicht eine Beurteilung der generellen Machbarkeit und soll als Nachweis für den Erfolg oder den Misserfolg der übrigen Annahmen und Umsetzungen dienen. Zu diesen Annahmen und Umsetzungen gehören die Verarbeitung der Thermografiebilder sowie die Temperaturregelungsstrategie. In Kapitel 6 wurde dargelegt, wie die wichtigen Prozessbereiche in den Thermografiebildern charakterisiert werden können. Die Temperaturregelungsstrategie basiert auf der theoretischen Betrachtung der Prozessgrößen mit Einfluss auf die Temperaturregelung (siehe Kapitel 4.2) sowie den Erkenntnissen auf den Prozessversuchen (siehe Kapitel 6).

In den vorangegangenen Prozessversuchen (siehe Kapitel 6.1.1) wurde ein Tencate Cetex PA66/T300 Tape-Material verwendet. Dies dient auch für die in diesem Kapitel vorgenommene prozesstechnische Untersuchung als Referenzmaterial. Um die übergeordnete Forschungsfrage beantworten zu können, werden zudem Versuche mit einem weiteren Material mit geringerer Breite durchgeführt. Dies dient dem Nachweis der Flexibilität und der Adaptivität der umgesetzten Prozesstemperaturregelung. Die betrachteten Materialien sind in Tabelle 7.1 gelistet.

Tabelle 7.1: Tape-Materialien für die prozesstechnische Untersuchung
Tape Materials for Process Engineering Investigations

Hersteller	Matrixmaterial	Faser	Faservolumengehalt	Breite
Tencate	PA66	T300	60 %	25 mm
Suprem	PA12	T700SC	55 %	12 mm

Zu beachten ist im Folgenden, dass wie in Kapitel 5.2.9 beschrieben, eine Thermografiekamera vom selben Typ aber mit anderer Optik im Vergleich zu den bisher betrachteten Ergebnissen zum Einsatz kommt. Mit der nun anderen Optik ist die Thermografiekamera bei der bisher gewählten Einbauorientierung nicht in der Lage, die gesamte Prozesszone zu erfassen. Dies macht es erforderlich, die Thermografiekamera um 90° gedreht einzubauen. Dadurch wird allerdings die höhere horizontale Auflösung der Flir A35 nun parallel zur Prozessrichtung ausgerichtet, was prinzipiell von Vorteil ist. Dadurch verändern sich im Gegensatz zu den vorherigen Ausführungen die betrachteten Bildbereiche. Auswirkungen auf den Prozess und seine Auswertung hat dies allerdings nicht. Die im Folgenden gezeigten Thermografiebilder unterscheiden sich durch die veränderte Einbaulage von den vorher gezeigten Thermografiebildern.

7.1 Experimentelle Validierung

Process Validation Using Sample Processes

Mit den in Tabelle 7.1 gelisteten Materialien werden verschiedene Versuchsreihen durchgeführt, um die Funktionalität der gesamten Regelungskette, insbesondere aber der Bildverarbeitung im Prozess zu validieren. Die gewählten Arbeitspunkte sind in Tabelle 7.2 gelistet. Bei den Arbeitspunkten wird jeweils die Prozesstemperatur auf dem einlaufenden Tape auf die Solltemperatur geregelt. Der Lasereinstrahlwinkel ist entweder bei einem Einstrahlverhältnis von jeweils 50% auf einlaufendem Tape und Substrat fixiert, auf die Minimierung der Temperaturdifferenz zwischen einlaufendem Tape und Substrat geregelt oder auf den eingeschwungenen Wert des Temperaturdifferenzreglers fixiert. Bei der Auswahl der zu betrachtenden Arbeitspunkte wurde eine Variation der Parameter mit signifikantem Einfluss auf die Prozesstemperaturregelung gewählt. Dazu gehören das eingesetzte Material, die Prozessgeschwindigkeit und die Solltemperatur. Mit diesen Arbeitspunkten sollen die Wirksamkeiten sowohl der Bildverarbeitung als auch der Prozesstemperaturregelung validiert werden. Anhand unterschiedliche Tape-Breiten wird die Erkennung der wesentlichen Prozessmerkmale, nämlich die Positionen von Zwickelbereich und Tape-Kanten, validiert. Durch verschiedene Kombinationen aus Solltemperatur und Prozessgeschwindigkeit soll validiert werden, ob die Prozesstemperaturregelung in der Lage ist, adaptiv auf diese Parametervariationen zu reagieren. Die Solltemperatur ergibt sich aus dem eingesetzten Tape-Material. Die Prozessgeschwindigkeiten bewegen sich zwischen 100 mm/s bis 400 mm/s.

Tabelle 7.2: Arbeitspunkte für die experimentelle Validierung

Operating Points for the Experimental Validation

Versuchsreihe #	**Material**	**Prozessgeschwindigkeit** *[mm/s]*	**Solltemperatur** *[°C]*	**Lasereinstrahlverhältnis** *Tape zu Substrat*
1.1	PA66	250	280	50% / 50%
1.2	PA66	400	280	50% / 50%
1.3	PA66	400	280	Geregelt
1.4	PA66	400	280	Eingeschwungener Wert aus 1.3
2.1	PA12	100	180	50% / 50%
2.2	PA12	300	180	50% / 50%
2.3	PA12	300	180	Geregelt
2.4	PA12	300	180	Eingeschwungener Wert aus 2.3

Die Versuche zu den einzelnen Arbeitspunkten der experimentellen Validierung wurden jeweils achtmal wiederholt, um eine ausreichende statistische Sicherheit zu gewährleisten. Der für die Validierung genutzte Prozess entspricht dem in Abbildung 7.1 dargestellten Ablauf.

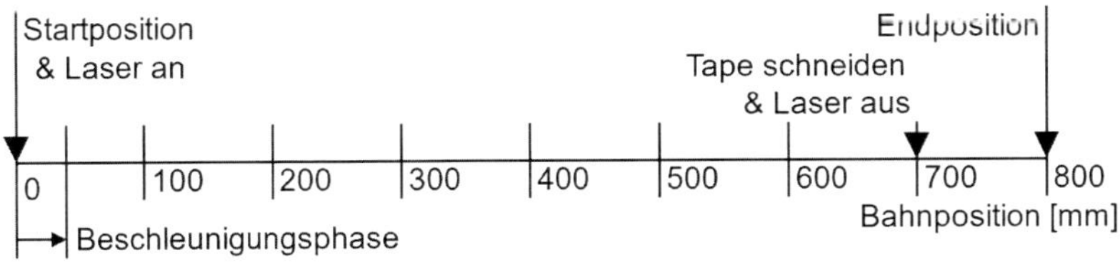

Abbildung 7.1: Prozessablauf der experimentellen Validierung

Process Sequence of the Experimental Validation

Mit dem Start der Bewegung des Industrieroboters wird gleichzeitig die Laserstrahlung aktiviert und die Regelung der Prozessgrößen gestartet. Bei Prozessstart ist das Tape bereits unter der Konsolidierungsrolle fixiert. Die Geometrie des hier genutzten Tape-Verarbeitungssystems lässt einen „Add-on-the-fly"-Prozess nicht zuverlässig für jeden Prozess zu (siehe Kapitel 4.4). Ebenso wird der Prozess nach dem Schneidprozess nicht weiter betrachtet, da das abgeschnittene Tape hier unkontrolliert in Richtung Substrat schnellt, sodass keine Konsolidierung zwischen einlaufendem Tape und Substrat mehr sichergestellt werden kann.

7.2 Bewertung der Ergebnisse

Evaluation of the Results

Im Folgenden werden die Ergebnisse der experimentellen Validierung betrachtet und objektiv bewertet. Die beobachteten Prozesse sollen in erster Linie das Einschwingverhalten der verschiedenen Prozessgrößenregler sowie die Zuverlässigkeit der digitalen Bildverarbeitung im Prozess widerspiegeln.

7.2.1 Validierung und Bewertung der Ergebnisse der digitalen Bildverarbeitung

Validation and Evaluation of the Results of the Digital Image Processing

Für die Bildverarbeitung sind die entscheidenden Kriterien die Erkennungsrate des Zwickelbereichs sowie der Tape-Kanten, um daraus entsprechende Temperaturmesswerte ableiten zu können. Die gesuchte Position kann sehr einfach mit bloßem Auge verifiziert werden. Anhand eines Beispielbildes können die zu erwartenden Bereiche einfach dargestellt werden. Dies ist in Abbildung 7.2 für das 25 mm breite PA66-Tape gezeigt. Abbildung 7.3 zeigt das Ergebnis für 12 mm breites PA12-Tape. Gleichzeitig veranschaulichen Abbildung 7.2 und Abbildung 7.3 auch die durch die Rotation der Kamera um 90° veränderte Sicht auf den Prozess. Es gibt nun einen deutlich verringerten Anteil an nicht relevanten Bildbereichen. Die vertikale Auflösung, mit der der Prozess beobachtet und analysiert werden kann, wurde mehr als verdoppelt.

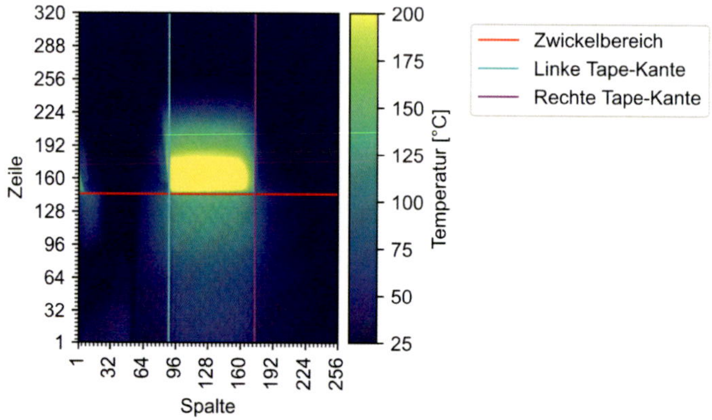

Abbildung 7.2: Ergebnis der Kantendetektion für 25 mm breites PA66-Tape
Result of the Edge Detection for 25 mm Wide PA66-Tape

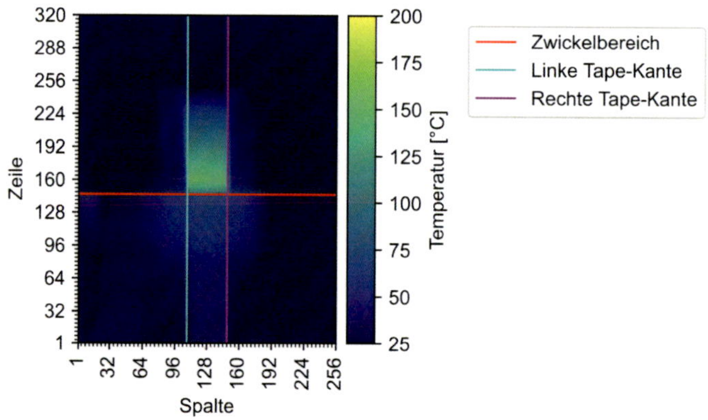

Abbildung 7.3: Ergebnis der Kantendetektion für 12 mm breites PA12-Tape
Result of the Edge Detection for 12 mm Wide PA12-Tape

Die Messergebnisse aus der experimentellen Validierung sind in Tabelle 7.3 dargestellt. Tabelle 7.3 skizziert die jeweils ermittelten Pixelpositionen für jede Versuchsreihe inklusive der Wiederholversuche. Die mit der geänderten Thermografiekamera (siehe Kapitel 7) optisch und manuell verifizierten Positionen (vgl. Kapitel 6.3.1) lauten:

- Zwickelbereich: Zeile 146
- Linke Tape-Kante: Spalte 89 (b_{Tape}=25 mm) bzw. Spalte 108 (b_{Tape}=12 mm)
- Rechte Tape-Kante: Spalte 174 (b_{Tape}=25 mm) bzw. Spalte 148 (b_{Tape}=12 mm)

Tabelle 7.3: **Ergebnisse der Kantendetektionsalgorithmen für die untersuchten Versuchsreihen**

Results of the Edge Detection Algorithms for the Observed Experiments

Versuchsreihe	Zwickel			Tape-Kante 1			Tape-Kante 2		
#	*Minimum | Mittelwert | Maximum [px]*								
1.1	141	145,6	148	85	90,1	94	171	174,0	179
1.2	143	145,3	146	86	89,7	91	172	174,3	177
1.3	142	145,8	147	85	88,9	93	171	174,5	178
1.4	145	146,1	148	84	90,5	94	170	174,4	179
2.1	143	146,5	149	105	108,6	112	145	147,8	154
2.2	144	146,2	148	107	108,4	111	147	148,1	154
2.3	145	146,0	147	106	107,9	113	146	148,5	156
2.4	141	145,9	147	106	108,3	110	146	148,3	152

Die Pixelpositionen wurden dabei statistisch ausgewertet und es wird der jeweilige Mittelwert mit der minimal und maximal ermittelten Pixelposition angegeben. Es werden in der entwickelten Software nur natürliche Zahlen als valide Pixelpositionen angenommen. Eine Subpixelverarbeitung wird nicht eingesetzt. In Tabelle 7.3 ist ersichtlich, dass die Erkennung des Zwickelbereiches und der Tape-Kanten zuverlässig funktioniert und mit den realen Positionen übereinstimmt. Auf Grund der eingebauten Sicherheitsfunktionen (siehe Kapitel 6.5.3), die z.B. extreme Ausreißer der erkannten Pixelpositionen herausfiltern, liegt die Erkennungsrate bei nahezu 100 %. Auch die Erkennung der Tape-Kanten funktioniert für die verschiedenen getesteten Tape-Breiten ebenfalls zuverlässig. Dies deckt sich mit den Erkenntnissen aus den in Kapitel 6.3.2 angestellten Untersuchungen. Die damit einhergehende Extraktion der Prozesstemperaturen lässt sich mit diesen Kenntnissen zuverlässig automatisieren. Dadurch wird eine solide Grundlage für die Prozesstemperaturregelung und etwaige Bewertungen des Prozesses geschaffen.

7.2.2 Validierung und Bewertung der Ergebnisse der Prozesstemperaturregelung

Validation of the Process Temperature Control

Die entscheidenden Kriterien für die Prozesstemperaturregelung sind die Anstiegszeit der Regelgröße und die Regelgüte. Die in Kapitel 6.5.5 ermittelte Aufwärmrate von 3,5 K/ms bei maximaler Laserleistung im Stillstand gibt dabei eine Annäherung der womöglich kürzest erreichbaren Anstiegszeit bis zur Solltemperatur vor. Tabelle 7.4 gibt die Ergebnisse der zur Validierung genutzten Arbeitspunkte an. Dargestellt ist dabei die Anstiegszeit der gemessenen Prozesstemperatur bis in einen Temperaturkorridor, der bei +/- 20 K um die Solltemperatur liegt. Die Messung der Anstiegszeit wird gestartet, sobald die Prozessgeschwindigkeit über 0 mm/s steigt. Die zeitliche Auflösung der Prozessgeschwindigkeit liegt bei der Zykluszeit der Prozesssteuerung von

100 µs. Die Temperaturerfassung hat eine zeitliche Auflösung von ca. 16 ms. Der Zeitstempel der Prozessgeschwindigkeit wird während des Prozesses erfasst. Das Erreichen des Temperaturkorridors wird anhand der Prozessdatenaufzeichnung im Nachhinein ermittelt. Für das Erreichen des Temperaturfensters wird berücksichtigt, ob der Temperaturverlauf das Temperaturfenster während der Versuchsaufzeichnung noch einmal verlässt. In einer Rückwärtssuche durch die Prozessdaten wird nach dem ersten Zeitpunkt gesucht, an dem die Temperatur den Temperaturkorridor verlässt. Die Anstiegszeit ergibt sich somit aus der Differenz der beiden erfassten Zeitstempel.

Tabelle 7.4: Anstiegszeiten der betrachteten Tape-Temperatur

Rise Times for the Observed Tape Temperature

Versuchsreihe #	Anstiegszeit [ms]	Versuchsreihe #	Anstiegszeit [ms]
1.1	< 144 ms	2.1	< 80 ms
1.2	< 112 ms	2.2	< 96 ms
1.3	< 176 ms	2.3	< 128 ms
1.4	< 112 ms	2.4	< 96 ms

Wie bereits in Kapitel 6.5.6 beschrieben, wurde hier eine Reglercharakteristik gewählt, die ein Überschwingen der Prozesstemperatur möglichst ausschließt. Mit alternativen Reglerparametern (z.B. stärkerer Proportionalanteil und/oder stärkerer Integralanteil), die einen stärkeren Anstieg der Laserleistung ermöglichen, sind Einschwingzeiten von unter 40 ms erreichbar. Dabei treten allerdings unter Umständen Überschwinger der Prozesstemperatur im Bereich von 60 K bis 80 K auf.

In Tabelle 7.4 ist zu erkennen, dass die Anstiegszeit bei aktiver Temperaturdifferenzregelung für das Lasereinstrahlverhältnis höher ist als bei konstantem Lasereinstrahlverhältnis. Dies liegt daran, dass der Prozesstemperaturregler nun das Lasereinstrahlverhältnis als Störgröße mit ausregeln muss. Die folgenden Abbildungen zeigen beispielhaft den Prozessgrößenverlauf für jeweils einen Versuch der beiden Versuchsreihen 1.3 (Abbildung 7.4) und 2.4 (Abbildung 7.5). Die Darstellung endet jeweils vor dem Abschneiden des einlaufenden Tapes. Die rot gestrichelten vertikalen Linien markieren jeweils Anfangs- und Endpunkt der ermittelten Anstiegszeit der Tape-Temperatur. In Abbildung 7.4 ist deutlich der Einfluss des Lasereinstrahlverhältnisses zu erkennen. Dessen Regelung im Prozess führt zu einer kontinuierlichen Annäherung der Substrat-Temperatur an die Tape-Temperatur. Das Einstrahlverhältnis ist dabei als prozentualer Anteil des Laserbrennflecks auf dem einlaufenden Tape dargestellt.

Auf die Abbildung der Prozessgrößenverläufe der nicht abgebildeten Versuche wird an dieser Stelle verzichtet, da der qualitative Verlauf identisch ist. Die Tatsache, dass die Temperatur nur in einem Punkt geregelt werden kann, da nur eine Laserleistung für die gesamte Prozesszone vorgegeben werden kann, manifestiert sich in einer Temperaturerhöhung auf dem Substrat. Nur in den Versuchsreihen 1.4 und 2.4, bei denen das für diesen Prozess optimale Lasereinstrahlverhältnis gewählt ist, tritt keine Temperaturerhöhung auf dem Substrat auf (vgl. Abbildung 7.5).

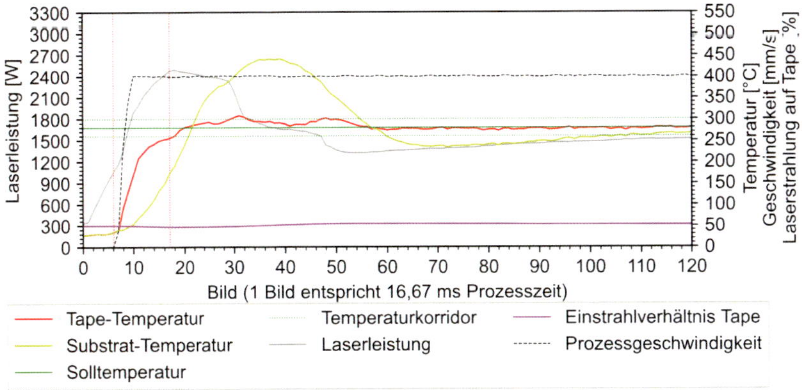

Abbildung 7.4: Prozessgrößenverlauf für Versuchsreihe 1.3

Process Variable Curve for Test Series 1.3

Abbildung 7.5 zeigt das Verhalten des Prozesses bei festem Lasereinstrahlverhältnis für den quasistationären Endwert der Temperaturdifferenzregelung aus der Versuchsreihe 2.3. Tape-Temperatur und Substrat-Temperatur nähern sich relativ schnell dem eingestellten Temperatur-Sollwert. Die hier eingesetzte Regelung ist also in der Lage, selbst unter wechselnden Einflussfaktoren, wie z.B. dem Tape-Material, der Soll-Temperatur und unterschiedlichen Prozessgeschwindigkeiten zuverlässig zu regeln. Weitere Optimierungen sind möglich, die Ergebnisse erfüllen allerdings den Zweck des Machbarkeitsnachweises.

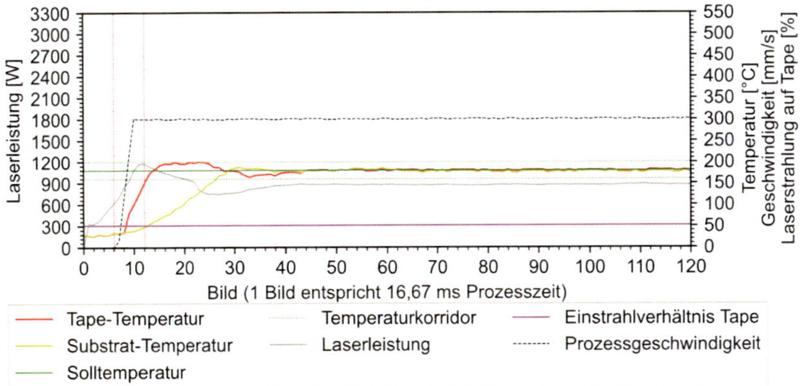

Abbildung 7.5: Prozessgrößenverlauf für Versuchsreihe 2.4

Process Variable Curve for Test Series 2.4

Die hier erreichten Anstiegszeiten sorgen hier für einen leichten Verschnitt am Anfang des Tapes. Dieser ist durch die Fixierung des Tapes unter der Konsolidierungsrolle allerdings bereits vorgegeben. Es ist anzunehmen, dass ein „Add-on-the-fly"-Prozess dieses Problem lösen würde. Dank der Thermografieaufnahme der gesamten Prozesszone lässt sich die Tape-Temperatur theoretisch bereits auf dem Weg zum Zwickelbereich ab erstmaligem Eintreten in den Lasereinstrahlbereich regeln. Die hier erreichten Anstiegszeiten sind für diesen Fall für die im Verlauf der Arbeit betrachteten Prozessgeschwindigkeiten bis max. 500 mm/s bereits ausreichend kurz.

Der Temperaturanstieg auf dem Substrat ist allerdings deutlich träger. Dies liegt an den bereits genannten Nachteilen des Systems. Die Laserleistung kann nur über einen einzelnen Sollwert eingestellt werden. Der Regelkreis für die Prozesstemperatur kann also nur über jeweils einen Soll- und Istwert geschlossen werden. Die Regelung der Prozesstemperatur in einer zweiten Zone kann nur nachgelagert über die Veränderung der Verteilung der Laserleistung über der Prozesszone erfolgen. Hierbei gibt es in Abhängigkeit der Prozessgeschwindigkeit und der geforderten Prozesstemperatur jeweils einen Lasereinstrahlwinkel bzw. kleinen Lasereinstrahlwinkelbereich, mit dem bei gegebener Laserleistung die gewünschte Temperatur sowohl auf dem einlaufenden Tape als auch auf dem Substrat erreicht werden kann. Dieses Verhalten ließe sich z.B. mit einem Vorheizen des Substrats über eine beheizte Werkzeugform, eine zweite Wärmequelle (vgl. [PETE20]) oder eine veränderbare Laserbrennfleckgeometrie deutlich verbessern.

An dieser Stelle ist ein bewertender Vergleich zwischen gesteuertem und geregeltem Prozess angebracht. Der dem Vergleich zu Grunde gelegte Prozessbereich umfasst hier nur den instationären Bereich ganz zu Beginn des Prozesses. Als Referenz sollen die Ergebnisse dienen, die mit dem hier vorgestellten Prozesstemperaturregelungssystem erreicht werden können. Unter Beachtung einer möglichst gleichmäßigen Temperaturverteilung zwischen einlaufendem Tape und Substrat und zusätzlich einem möglichst geringem Überschwingen der Prozesstemperatur, dienen die Versuche 1.4 und 2.4 mit Einschwingzeiten von 96 ms bzw. 112 ms als Referenzwerte (vgl. Tabelle 7.2 und Tabelle 7.4). Als Vergleichswerte werden die Ergebnisse aus den Arbeiten von WERNER und KÖLZER sowie die Werte eines gesteuerten Prozesses herangezogen. Die Werte des gesteuerten Prozesses entstammen dabei der Prozessuntersuchung aus Kapitel 6.

WERNER konnte in seiner Arbeit unter Einsatz des nahezu identischen Tape-Verarbeitungssystems Einschwingzeiten von 580 ms bei einer Prozessgeschwindigkeit von 400 mm/s und einer Prozesstemperatur von 90 °C vorweisen [WERN18, S.87]. KOELZER zeigt in seiner Arbeit bei einer Prozessgeschwindigkeit von 500 mm/s und einer Prozesstemperatur von 380 °C Einschwingzeiten im Bereich mehrerer Sekunden [KÖLZ08, S.115–117]. Der gesteuerte Prozess, bei dem die Prozessparameter während des Prozesses konstant bleiben, zeigt bei einer Prozessgeschwindigkeit von 400 mm/s und einer gemessenen Prozesstemperatur von ca. 280 °C eine Einschwingzeit von rund 500 ms unter Beachtung nur eines Messpunktes der Prozesstemperatur auf dem einlaufenden Tape, da kein Abgleich zwischen den Temperaturen des einlaufenden Tapes und des abgelegten Substrats durchgeführt wurde.

Im Vergleich zu vorangegangenen Arbeiten und einem gesteuerten Prozess kann mit der hier vorgestellten Prozesstemperaturregelung in Verbindung mit der Thermografiekamera also eine deutliche Reduzierung der Einschwingdauer und damit letztlich eine deutliche Verringerung des Materialverschnitts erreicht werden. Damit verkürzt sich die Einlaufstrecke, die das System bis zum Erreichen eines qualitativ hochwertigen Prozessergebnisses zurücklegen muss, wodurch insgesamt die Produktivität des Systems gesteigert werden kann.

7.3 Zwischenfazit

Interim Summary

Die in Kapitel 3 aufgestellten Forschungsthesen und somit auch die übergeordnete Forschungsfrage können beide positiv beantwortet werden. Es ist möglich, mit Mitteln, die industriellen Standards entsprechen und damit eine weite Akzeptanz genießen, eine prozesssichere Analyse und Regelung der laserunterstützten Tape-Verarbeitung zu entwickeln.

Die zweite in Kapitel 3 aufgestellte Forschungsthese konnte bereits in Kapitel 6.4 positiv beantwortet werden. Die erste in Kapitel 3 aufgestellte Forschungsthese kann mit den soeben präsentierten Ergebnissen ebenfalls positiv beantwortet werden. Die Forschungsthese lautet:

„Eine auf den laserunterstützten Tape-Verarbeitungsprozess optimierte Prozesstemperaturregelung kann ohne zusätzlichen Bedieneraufwand selbstständig auf wechselnde Prozessbedingungen reagieren, ohne signifikante Einbußen bei ihrem Einschwingverhalten und der Regelgüte hinnehmen zu müssen."

In diesem Kapitel wird aufgezeigt, dass das Prozesstemperaturregelungssystem so adaptiv gestaltet ist, dass es auch flexibel auf wechselnde Prozessbedingungen reagieren kann, ohne dass der Bediener gezielt in das System eingreifen muss. In dieser Arbeit wurde dargelegt, dass der laserunterstützte Tape-Verarbeitungsprozess ein stark instationäres Verhalten mit vielen Einflussgrößen aufweist. Naturgemäß ist ein solcher Prozess komplex zu regeln. Dennoch ist die hier untersuchte Temperaturregelungsstrategie in der Lage, mit wechselnden Prozessbedingungen sicher umgehen zu können. Dies wurde durch Erreichen von akzeptablen Prozessergebnissen unter Variation der eingesetzten Tape-Breite, der Verarbeitungsgeschwindigkeit und der Verarbeitungstemperatur nachgewiesen.

Eine Parametrisierung der Prozesstemperaturregelung um weitere Einflussgrößen wie z.B. dem Lasereinstrahlverhältnis könnte die Regelung noch weitaus flexibler gestalten. Ein Ansatz mit modernen Methoden des maschinellen Lernens könnte hier ebenfalls erstrebenswert sein. Dies erfordert allerdings noch weiter reichende Prozessuntersuchungen oder ein stärker ausgeprägtes Modell des Prozesses.

Das eingesetzte System hat allerdings technisch und konstruktiv bedingte Grenzen der Prozessflexibilität. Ein „Add-on-the-fly“-Prozess ist mit dem hier eingesetzten Tape-Verarbeitungssystem nicht garantiert prozesssicher möglich. Genauso ist das Verhalten des Tapes nach dem Abschneiden nicht vorhersehbar. Beides kann konstruktiv gelöst oder zumindest verbessert werden. In verwandten Systemen, wie z.B. dem PrePro 2D System des Fraunhofer IPT ist dies bereits implementiert [JANS20]. Der eingesetzte Laser kann nur auf einen Leistungswert pro Zeitpunkt eingestellt werden. Über den gesamten Laserbrennfleck wird also die gleiche Leistungsdichte abgegeben. Andere Lasertechnologien, die sich z.B. über Diodenstacks fein granularer regeln lassen, wären ideal geeignet, um ein Leistungsprofil entlang der Prozesszone aufzubringen und jede Zone einzeln zu regeln [KUKL16; KUKL17a; WEIL19; PETE20]. In Kombination mit einer Thermografiekamera, wie sie in der vorliegenden Arbeit verwendet wird, ergibt sich ein enormes Potenzial für eine zuverlässige Prozessregelung.

8 Zusammenfassung und Ausblick

In dieser Arbeit wurde die Prozesstemperaturregelung in der laserunterstützten Verarbeitung von faserverstärkten thermoplastischen Verbundkunststoffen untersucht, diskutiert, entwickelt und validiert. Zu Beginn wurde der Stand der Technik in Forschung und Industrie aufgezeigt. Faserverbundkunststoffe und ihre Verarbeitung in Form von UD-Halbzeugen bilden die Grundlage für die Betrachtung des Prozesses sowie der Produktionssysteme. Die zugehörigen Produktionssysteme und wichtige Komponenten und Technologien werden ebenfalls vorgestellt und ihre für diese Arbeit relevanten Schwächen diskutiert. Daraus ergeben sich die zu beweisenden Forschungsthesen, dass mit Hilfe einer Thermografiekamera eine große Flexibilität im Zusammenspiel mit einer adaptiven Prozesstemperaturregelung erzielt werden kann. Darüber steht die übergeordnete Forschungsfrage, ob sich der laserunterstützte Tape-Verarbeitungsprozess trotz seiner instationären Eigenschaften zuverlässig und mit anerkannten Standards regeln lässt. Den Grundstein für die weitere Betrachtung des Prozesses bildet die theoretische Betrachtung des Tape-Verarbeitungsprozesses in Kapitel 4. Insbesondere die thermodynamische Betrachtung in Kapitel 4.2.4 befasst sich mit den Einflussgrößen im Aufwärmprozess. Die starke Instationarität des Prozesses und deren Ursachen werden herausgearbeitet und anschaulich dargestellt.

Aufbau, Komponenten und modulare Steuerungsarchitektur des eingesetzten Tape-Verarbeitungssystems werden in Kapitel 5 entworfen, entwickelt und vorgestellt. Dies ist eine erforderliche Grundlage für die darauffolgenden Prozessuntersuchungen.

Kapitel 6 startet mit einer vollfaktoriellen Prozessuntersuchung, um damit im Folgenden in einer Datenanalyse den Einfluss verschiedener Prozessparameter auf das Aufheizverhalten im Prozess zu erforschen und mit der theoretischen Betrachtung in Kapitel 4.2 zu vergleichen. Eine Übereinstimmung der Ergebnisse der Prozessuntersuchung mit der theoretischen Betrachtung des Prozesses konnte erfolgreich und übereinstimmend verifiziert werden. Auf diese Ergebnisse folgt die Analyse der aufgezeichneten Thermografiebilder, um Erkenntnisse für die digitale Bildverarbeitung in der Prozessautomation zu extrahieren. Mittels dieser Forschungsergebnisse erfolgt die Umsetzung einer Prozesstemperaturerfassung und Regelungsstrategie für die Prozesstemperatur. Als unterstützendes Mittel wird dabei ein Prozessmodell aus den vorhandenen Prozessdaten extrahiert. Während der Umsetzung wurden verschiedene Ansätze für Regelung und digitale Bildverarbeitung miteinander verglichen und ihre Tauglichkeit bewertet. Dies ist in Kapitel 6.6 skizziert.

Den Abschluss bildet ein prozesstechnischer Machbarkeitsnachweis mit Hilfe des umgesetzten modularen Steuerungssystems. Dieser Nachweis zeigt, dass die gestellten Forschungsthesen und die übergeordnete Forschungsfrage positiv beantwortet werden können. Die Forschungsergebnisse dieser Arbeit erfüllen damit das gesteckte Ziel vollumfänglich.

Verbesserungspotential und Forschungspotential wurden aufgedeckt. Dies betrifft alle Bereiche von der Konstruktion des Produktionssystems über die implementierten Regelungsalgorithmen bis zur Kameraintegration.

Während die digitale Bildverarbeitung bereits zuverlässige Ergebnisse liefert, könnten bessere technische Eigenschaften der Thermografiekamera zu noch besseren Regelungsergebnissen führen. Vor allem die Bildwiederholrate und nachgelagert auch die Bildauflösung bieten noch Verbesserungspotential. Eine koaxiale oder auch seitliche Montage der Thermografiekamera an der Laseroptik könnte außerdem einen noch besseren Blick auf die Prozesszone ermöglichen.

Die auf den Ergebnissen der digitalen Bildverarbeitung fußenden Regelungsalgorithmen zeigen bereits das gewünschte Verhalten. Die Reglungsalgorithmen reagieren flexibel auf sich verändernde Prozessbedingungen. Doch auch hier existiert weiteres Forschungs- und Verbesserungspotential bspw. durch Einbeziehung weiterer Prozessparameter (z.B. Materialeigenschaften) für eine noch dynamischere Gestaltung der Regelungsalgorithmen. Auch alternative Methoden des maschinellen Lernens bieten enormes Potential zur Verbesserung der Regelung. Der Untersuchungs- und Forschungsbedarf in diesem Bereich ist allerdings groß. Auch modellprädiktive Regler bieten ein großes Potential. Insbesondere sollte die Temperaturhistorie des Prozesses in Regelungsalgorithmen mit einbezogen werden, was dank der Thermografiekamera bereits problemlos möglich ist. Im Bereich des maschinellen Lernens bieten sich rekurrente Netze dafür an.

Das eingesetzte Tape-Verarbeitungssystem weist einige konstruktive Nachteile auf, deren Behebung für den hier betrachteten Einsatzzweck der lokalen Verstärkung aber vorteilhaft wäre. Eine veränderte Geometrie der Tape-Führung im Tape-Verarbeitungskopf könnte „Cut-and-add-on-the-fly"-Prozesse ermöglichen, um Materialverschnitt möglichst zu vermeiden.

Ein weiteres großes Potential bietet die Wärmequelle im Prozess. Ein einzelner Laserbrennfleck ist nicht geeignet, sowohl das einlaufende Tape als auch das Substrat unabhängig voneinander optimal zu regeln. Bereits mit einer weiteren Laseroptik könnten einlaufendes Tape und Substrat unabhängig voneinander geregelt werden. Dabei besteht allerdings immer noch das Problem der Totzeit im Prozess durch die Temperaturhistorie im Material. Eine Lösung mit zwei Wärmequellen untersuchte z.B. PETERS in seiner Arbeit [PETE20]. Alternative Wärmequellen, wie z.B. VCSEL können entlang der Prozesszone regelbare Leistungsprofile ermöglichen und somit das Problem der Temperaturhistorie wirksam reduzieren. WEILER befasste sich zum Thema der Durchwärmung des Tape-Materials mit der VCSEL-Technologie [WEIL19]. Eine Kombination beider Ansätze ist denkbar für den Prozess.

Diese Arbeit legt einen theoretischen und praktischen Grundstein für weitere Untersuchungen und beantwortet erfolgreich wichtige Fragestellungen zur Prozesstemperaturregelung in der in der laserunterstützten Verarbeitung von faserverstärkten thermoplastischen Verbundkunststoffen.

Conclusion and Outlook

In this thesis, process temperature control in laser-assisted processing of fiber-reinforced thermoplastic composites was investigated, discussed, implemented and validated. In the beginning, the state of the art in research and industry was shown. Fiber-reinforced composites and their processing in the form of UD semifinished products form the basis for the review of the process and the production systems. The associated production systems and important components and technologies are also presented and their weaknesses relevant to this work are discussed. This leads to the research theses to be proven, that a thermographic camera can be used to achieve great flexibility in combination with an adaptive process temperature control. Above this is the superordinated research question of whether the laser-assisted tape processing process can be controlled reliably and with recognized standards despite its transient properties. The foundation for further consideration of the process is laid by the theoretical examination of the tape processing in Chapter 4. In particular, the thermodynamic consideration in Chapter 4.2.4 deals with the influencing variables in the heating process. The strong instationarity of the process and its causes are elaborated and clearly illustrated.

The structure, components and modular control architecture of the tape processing system used are designed, developed and presented in Chapter 5. This is a necessary basis for the process investigations, which are carried out in the further chapters.

Chapter 6 starts with a full-factorial process investigation in order to subsequently explore the influence of various process parameters on the heating behavior in the process in a data analysis and to compare it with the theoretical consideration in Chapter 4.2. A correlation of the results of the process investigation with the theoretical consideration of the process could be verified successfully. These results are followed by the analysis of the recorded thermographic images in order to extract knowledge for digital image processing in process automation. Using these research results, the implementation of a process temperature detection and control strategy for the process temperature is carried out. As a supporting tool, a process model is extracted from the existing process data. During the implementation, different approaches for control and digital image processing were compared and their suitability evaluated. This is outlined in chapter 6.6.

The final step is a process feasibility proof using the implemented modular control system. This proof shows that the research theses and the overall research question can be answered positively. The research results of this thesis thus fully meet the set goal.

Further potential for improvement and research remains. This concerns all areas from the design of the production system to the implemented control algorithms and camera integration.

While digital image processing already provides reliable results, better camera characteristics could lead to even better control results. The frame rate and the image resolution still offer potential for improvement. A Coaxial or side mounting of the thermographic camera on the laser optics could also provide an even better view of the process zone.

The control algorithms based on the results of the digital image processing already show the desired behavior. The control algorithms react flexibly to changing process conditions. However, there is further potential for research and improvement, e.g. by including additional process parameters (e.g. material properties) for an even more dynamic design of the control algorithms. Alternative machine learning methods also offer enormous potential for improving control. However, there is a great need for investigation and research in this area. Model predictive controllers also offer great potential. In particular, the temperature history of the process should be included in control algorithms, which is already easily possible thanks to the thermographic camera. In the field of machine learning, recurrent networks lend themselves to this.

The tape processing system used has some design deficiencies and their elimination would be advantageous for the purpose of local reinforcement considered here. A modified geometry of the tape guide in the tape processing head could enable "cut-and-add-on-the-fly"-processes to avoid material waste as far as possible.

Another major potential is the heat source in the process. A single laser spot is not suitable for optimally controlling both the incoming tape and the substrate independently of each other. With just one additional laser optic, the incoming tape and substrate could be controlled independently of each other. However, there is still the problem of a dead time in the process due to the temperature history in the material. A solution with two heat sources was investigated e.g. by PETERS in his work. [PETE20] Alternative heat sources, such as VCSELs can provide controllable power profiles along the process zone, effectively reducing the temperature history problem. WEILER addressed the issue of tape material through-heating with VCSEL technology. [WEIL19] A combination of both approaches is conceivable for the process.

This work lays a theoretical and practical foundation for further investigations and successfully answers important questions about process temperature control in the laser-assisted processing of fiber-reinforced thermoplastic composites.

9 Literaturverzeichnis

Bibliography

[ADIB19] Adibekyan, A.; Kononogova, E.; Monte, C.; Hollandt, J.: *Review of PTB Measurements on Emissivity, Reflectivity and Transmissivity of Semi-transparent Fiber-Reinforced Plastic Composites. In:* International Journal of Thermophysics. 40. Jg., 2019, Nr. 4.

[AFPT19a] AFPT GmbH: *Tape Placement & Winding Equipment. URL:* https://global.afpt.de/tape-placement-equipment/ [Stand: 10.09.2019].

[AFPT19b] AFPT GmbH: *Technical Centre. URL:* https://global.afpt.de/technicalcentre/ [Stand: 10.09.2019].

[ANYF18] Anyfantis, K.; Stavropoulos, P.; Chryssolouris, G.: *Fracture mechanics based assessment of manufacturing defects laying at the edge of CFRP-metal bondlines. In:* aProduction Engineering. 12. Jg., 2018, Nr. 2.

[ASSO20] Association for Advancing Automation: *GigE Vision. URL:* https://www.visiononline.org/vision-standards-details.cfm?id=36&type=5 [Stand: 29.02.2020].

[ÅSTR06] Åström, K. J.; Hägglund, T.: *Advanced PID control.* Durham, NC: ISA, 2006.

[AUGU14] August, Z.; Hauber, D.: *Additive Manufacturing of High performance Composite Structures. In:* SAMPE 2014, 2014.

[AUTO17] Automated Dynamics: *Laser Heating System. A New Composite Heating System that Improves Processing Speeds, Efficiency and Control. URL:* https://www.automateddynamics.com/wp-content/uploads/2017/07/ADC-Laser-Heating-System-Bro-Revised-Web.pdf [Stand: 22.04.2021].

[AWAD15] Awad, M.; Khanna, R.: *Efficient Learning Machines.* Berkeley, CA: Apress, 2015.

[AZLA18] AZL Aachen GmbH: *Neue Tape-Verarbeitungssysteme: Conbility und Fraunhofer IPT schließen Kooperation zur Vermarktung. URL:* https://azl-aachen-gmbh.de/de/neue-tape-verarbeitungssysteme-conbility-und-fraunhofer-ipt/ [Stand: 01.09.2019].

[AZLA19] AZL RWTH Aachen: *AZL gewinnt JEC Innovations Award 2019. URL:* https://www.azl.rwth-aachen.de/go/id/cknlc [Stand: 01.09.2019].

[AZLA19a] AZL Aachen GmbH: *New Fraunhofer Tape Placement Machine Successfully Installed at Maru Hachi, Japan. URL:* https://azl-aachen-gmbh.de/newslight-15-maru-hachi/ [Stand: 17.10.2021].

[AZLA20] AZL Aachen GmbH: *New Fraunhofer Tape Placement Machine Successfully Installed as Maru Hachi, Japan. URL:* https://azl-aachen-gmbh.de/newslight-15-maru-hachi/ [Stand: 17.05.2020].

[BAEH19] Baehr, H. D.; Stephan, K.: *Wärme- und Stoffübertragung.* 10. Aufl. Heidelberg: Springer, 2019.

[BAND19] Bandaru, A. K.; Clancy, G.; Peeters, D.; O'Higgins, R. M.; Weaver, P. M.: *Properties of a thermoplastic composite skin-stiffener interface in a stiffened structure manufactured by laser-assisted tape placement with in situ consolidation. In:* Composite Structures. 214. Jg., 2019.

[BARD05] Bardin, F.; Morgan, S.; Williams, S.; McBride, R.; Moore, A. J.; Jones, J. D. C.; Hand, D. P.: *Process control of laser conduction welding by thermal imaging measurement with a color camera. In:* Applied optics. 44. Jg., 2005, Nr. 32.

[BAUM20] Baumer GmbH: *Baumer GAPI SDK. URL:* https://www.baumer.com/de/de/produktubersicht/industriekameras-bildverarbeitung/software/baumer-gapi-sdk/c/14174 [Stand: 29.02.2020].

[BECK04] Becker, H.: *Verfahrensentwicklung und theoretische Betrachtungen zum lasergestützten 3D-Mikro-Auftragschweißen.* Diss. Universität Hannover, 2004.

[BECK19] Beckhoff Automation GmbH & Co. KG: *TF1800 | TC3 PLC HMI. URL:* https://www.beckhoff.de/default.asp?twincat/tf1800.htm [Stand: 13.09.2019].

[BECK20a] Beckhoff Automation GmbH & Co. KG: *TF6420 | TC3 Database Server. URL:* https://www.beckhoff.de/default.asp?twincat/tf6420.htm [Stand: 13.09.2020].

[BECK20b] Beckhoff Automation GmbH & Co. KG: *TwinCAT 3 | eXtended Automation (XA). URL:* https://www.beckhoff.de/twincat3/ [Stand: 29.02.2020].

[BECK20c] Beckhoff Automation GmbH & Co. KG: *TwinCAT Machine Learning. URL:* https://www.beckhoff.de/machine-learning/ [Stand: 29.02.2020].

[BECK20d] Beckhoff Automation GmbH & Co. KG: *TwinCAT Vision. URL:* https://www.beckhoff.de/TwinCAT-Vision/ [Stand: 29.02.2020].

[BECK21] Beckhoff Automation GmbH & Co. KG: *TE2000 | TwinCAT 3 HMI Engineering. URL:* https://www.beckhoff.com/de-de/produkte/automation/twincat/texxxx-twincat-3-engineering/te2000.html [Stand: 21.04.2021].

[BERN14] Bernhard, F.: *Handbuch der Technischen Temperaturmessung.* 2. Aufl. Heidelberg: Springer, 2014.

[BIRN11] Birnesser, A. J.: *Prozessregelung beim Laserstrahlschweißen.* Universität Stuttgart, 2011.

[BRAD00] Bradski, G.: *The OpenCV Library. In:* Dr. Dobb's Journal of Software Tools, 2000.

[BREC12] Brecher, C.; Werner, D.; Kermer-Meyer, A.; Emonts, M.: *Laserunterstütztes Fiber Placement. Lastoptimale Herstellung. In:* Lightweight Design. 5. Jg., 2012, Nr. 4.

[BREC13] Brecher, C.; Emonts, M.; Werner, D.: *Ein Tapelegekopf für mehrere FVK-Halbzeuge. In:* K-Zeitung. 22. Jg., 2013.

[BREC14] Brecher, C.; Emonts, M.; Kermer-Meyer, A.; Janssen, H.; Werner, D.: *Herstellung von belastungsoptimierten thermoplastischen Faserverbundbauteilen. In:* Siebenpfeiffer, W. (Hrsg.): Leichtbau-Technologien im Automobilbau. Werkstoffe - Fertigung - Konzepte. Wiesbaden: Springer, 2014.

[BREC16a] Brecher, C.; Kukla, C.; Emonts, M.: *Infrarotkameragestützte Prozesstemperaturerfassung. Laserunterstützte Verarbeitung endlosfaserverstärkter thermoplastischer Tapes. In:* wt Werkstattstechnik online. 106. Jg., 2016, Nr. 5.

[BREC16b] Brecher, C.; Emonts, M.; Peters, T.: *Smart production of tubular thermoplastic composite products. In:* JEC World Conference 2016, 2016.

[BREC17] Brecher, C.; Ecker, C.; Herfs, W.; Obdenbusch, M.; Jeschke, S.; Hoffmann, M.; Meisen, T.: *The Need of Dynamic and Adaptive Data Models for Cyber-Physical Production Systems:* Cyber-Physical Systems: Elsevier, 2017.

[BRÜN17] Brüning, J.; Denkena, B.; Dittrich, M.-A.; Hocke, T.: *Machine Learning Approach for Optimization of Automated Fiber Placement Processes. In:* Procedia CIRP. 66. Jg., 2017.

[BURB10] Burbaum, B.: *Verfahrenstechnische Grundlagen für das Laserstrahl-Umschmelzen einkristalliner Nickelbasis-Superlegierungen.* Diss. RWTH Aachen, 2010.

[CANN86] Canny, J.: *A Computational Approach to Edge Detection. In:* IEEE Transactions on Pattern Analysis and Machine Intelligence. PAMI-8, 1986, Nr. 6.

[CARL91] Carlsson, L. A. (Hrsg.). In: *Thermoplastic composite materials* (Reihe: Composite Materials Series, Bd. 7). Amsterdam: Elsevier, 1991.

[CHAD18] Chadwick, A. R.; Dreher, P. N.; Willmeroth, M.: *Data Acquisition and Monitoring for Thermoplastic Components Produced using AFP. In:* ITHEC 2018: Trageser GmbH, 2018.

[CHAD19a] Chadwick, A. R.; Dreher, P. N.; Petkov, I.; Nowotny, S.: *A fibre-reinforced thermoplastic primary structure for sounding rocket applications. In:* SAMPE Europe, 2019.

[CHAD19b] Chadwick, A.; Willmeroth, M.: *Use of in-process monitoring and ultrasound to detect defects in thermoplastic AFP-produced parts. In:* 22nd International Conference on Composite Materials, 2019.

[CHAN20] Chanteli, A.; Bandaru, A. K.; Peeters, D.; O'Higgins, R. M.; Weaver, P. M.: *Influence of repass treatment on carbon fibre-reinforced PEEK composites manufactured using laser-assisted automatic tape placement. In:* Composite Structures. 248. Jg., 2020.

[CHIE52] Chien, K. L.; Hrones J. A.; Reswick, J. B.: *On the Automatic Control of Generalized Passive Systems. In:* Transactions of the American Society of Mechanical Engineers. 74. Jg., 1952.

[CLAN19] Clancy, G.; Peeters, D.; Oliveri, V.; Jones, D.; O'Higgins, R. M.; Weaver, P. M.: *A study of the influence of processing parameters on steering of carbon Fibre/PEEK tapes using laser-assisted tape placement. In:* Composites Part B: Engineering. 163. Jg., 2019.

[COME15] Comer, A. J.; Ray, D.; Obande, W. O.; Jones, D.; Lyons, J.; Rosca, I.; O' Higgins, R. M.; McCarthy, M. A.: *Mechanical characterisation of carbon fibre–PEEK manufactured by laser-assisted automated-tape-placement and autoclave. In:* Composites Part A: Applied Science and Manufacturing. 69. Jg., 2015.

[COMP16] CompositesWorld: *Thermoplastic composite wings on the horizon? OUTCOME, a project under the Clean Sky 2 program, aims to industrialize out-of-autoclave thermoplastic primary aerostructure. URL:* https://www.compositesworld.com/articles/thermoplastic-composite-wings-on-the-horizon [Stand: 13.10.2019].

[COMP20] CompositesWorld: *Conbility tape placement head installed at University of Limerick. The PrePro 3D system combines laser-assisted thermoplastic tape placement with IR-assisted thermoset prepreg placement. URL:* https://www.compositesworld.com/news/conbility-tape-placement-head-installed-at-university-of-limerick [Stand: 29.02.2020].

[CONB18] Conbility GmbH: *Thermoplastic and Thermoset Tape Placement Machines. URL:* http://conbility.de/wp-content/uploads/2019/08/pi_systems.pdf [Stand: 01.09.2019].

[CONB19] Conbility GmbH: *Neuester Tapelegekopf (TLK) der CONBILITY GmbH erfolgreich am AIMEN Technology Centre in O Porriño, Spain, integriert. URL:* https://conbility.de/news/neuester-tapelegekopf-tlk-derconbility-gmbh-erfolgreich-am-aimen-technology-centre-in-o-porrino-spain-integriert/ [Stand: 13.10.2019].

[CORI19a] Coriolis Composites SAS: *Coriolis C1. URL:* https://www.coriolis-composites.com/fiber-placement-machines/coriolis-c1/ [Stand: 08.09.2019].

[CORI19b] Coriolis Composites SAS: *Coriolis C2. High Speed Bidirectional Fiber Placement Robot. URL:* https://www.coriolis-composites.com/fiber-placement-machines/coriolis-c2/ [Stand: 08.09.2019].

[CORI19c] Coriolis Composites SAS: *Coriolis C5. Fiber Placement Dockable Head for Slightly Curved Parts. URL:* https://www.coriolis-composites.com/fiber-placement-machines/coriolis-c5/ [Stand: 01.09.2019].

[CORI19d] Coriolis Composites SAS: *Coriolis C5 Compact. Fiber Placement Machine for 2D Net Shape Blanks. URL:* https://www.coriolis-composites.com/fiber-placement-machines/coriolis-c5-compact/ [Stand: 01.09.2019].

[CORI19e] Coriolis Composites SAS: *Coriolis Csolo. Compact Fiber Placement Robot. URL:* https://www.coriolis-composites.com/fiber-placement-machines/coriolis-csolo/ [Stand: 08.09.2019].

[CZIC12] Czichos, H.; Hennecke, M.: *HÜTTE - Das Ingenieurwissen.* 34. Aufl. Heidelberg: Springer, 2012.

[DARA85] Dara, P. H.; Loos, A. C.: *Thermoplastic matrix composite processing model.* Blacksburg, VA, 01.09.1985.

[DENK16] Denkena, B.; Schmidt, C.; Weber, P.: *Automated Fiber Placement Head for Manufacturing of Innovative Aerospace Stiffening Structures. In:* Procedia Manufacturing. 6. Jg., 2016.

[DÍAZ19] Díaz-Rodríguez, I. D.; Han, S.; Bhattacharyya, S. P.: *Analytical Design of PID Controllers.* Cham: Springer, 2019.

[DIEF19] Dieffenbacher GmbH Maschinen- und Anlagenbau: *Das Produkt Fiberforge von Dieffenbacher. URL:* https://dieffenbacher.com/de/composites/produkte/fiberforge [Stand: 12.08.2019].

[DIFR17] Di Francesco, M.; Veldenz, L.; Dell'Anno, G.; Potter, K.: *Heater power control for multi-material, variable speed Automated Fibre Placement. In:* Composites Part A: Applied Science and Manufacturing. 101. Jg., 2017.

[DITT06] Dittmar, R.; Pfeiffer, B.-M.: *Modellbasierte prädiktive Regelung in der industriellen Praxis (Industrial Application of Model Predictive Control). In:* at – Automatisierungstechnik. 54. Jg., 2006, Nr. 12.

[DITT09] Dittmar, R.; Pfeiffer, B.-M.: *Modellbasierte prädiktive Regelung. Eine Einführung für Ingenieure.* Oldenbourg: De Gruyter, 2009.

[DOMI12] Domininghaus, H.; Elsner, P.; Eyerer, P.; Hirth, T.: *Kunststoffe.* 8. Aufl. Heidelberg: Springer, 2012.

[DUBR15] Dubratz, M.: *Laserunterstütztes Tape-Placement-Verfahren für die Herstellung dreidimensionaler Strukturkomponenten aus endlosfaserverstärkten thermoplastischen Prepregs.* Diss. RWTH Aachen, 2015.

[DUPO17] DuPont: *Kevlar Aramid Fiber Technical Guide. URL:* http://www.dupont.com/content/dam/dupont/products-and-services/fabrics-fibers-and-nonwovens/fibers/documents/Kevlar_Technical_Guide.pdf [Stand: 30.06.2019].

[EHRE06] Ehrenstein, G. W.: *Faserverbund-Kunststoffe. Werkstoffe - Verarbeitung - Eigenschaften.* 2. Aufl. München: Carl Hanser, 2006.

[EMVA20] EMVA: *GenICam. URL:* https://www.emva.org/standards-technology/genicam/ [Stand: 29.02.2020].

[ESCH01] vor dem Esche, R.: *Herstellung langfaserverstärkter Thermoplastbauteile unter Zuhilfenahme von Hochleistungslasern als Wärmequelle.* Diss. RWTH Aachen, 2001.

[ETHE20] EtherCAT Technology Group: *EtherCAT – Der Ethernet-Feldbus. URL:* https://www.ethercat.org/download/documents/ETG_Brochure_DE.pdf [Stand: 13.09.2020].

[FILL19] Fill GmbH: *Multilayer. URL:* https://www.fill.co.at/de/automotive/kunststofftechnik/composites/tailored-blanks/multilayer/highlight/1505p572.html [Stand: 25.08.2019].

[FLEM03] Flemming, M.; Roth, S.: *Faserverbundbauweisen Eigenschaften. Mechanische, konstruktive, thermische, elektrische, ökologische, wirtschaftliche Aspekte.* Heidelberg: Springer, 2003.

[FLIR16] FLIR Systems, Inc.: *User's manual FLIR Ax5 series. URL:* https://flir.netx.net/file/asset/11346/original [Stand: 22.05.2020].

[FLIR19] FLIR Systems, Inc.: *Thermalimaging Temperature Sensor FLIR A35/A65. URL:* https://flir.netx.net/file/asset/13788/original [Stand: 22.05.2020].

[FRAU18] Fraunhofer IPT: *Fraunhofer IPT und Conbility kooperieren in der Weiterentwicklung von Fiber- und Tape-Placement-Systemen. URL:* https://www.ipt.fraunhofer.de/de/presse/Pressemitteilungen/20180223_fraunhofer-ipt-und-conbility-kooperieren-in-der-weiterentwicklung-von-fiber-und-tape-placement-systemen.html [Stand: 01.09.2019].

[FUNC96] Funck, R.: *Entwicklung innovativer Fertigungstechniken zur Verarbeitung kontinuierlich faserverstärkter Thermoplaste im Wickelverfahren.* Diss. Technische Universität Kaiserslautern, 1996.

[GAHR17] Gahr, T. In: *Experteninterview im Rahmen der JEC 2017 in Paris mit Herrn Gahr (Coriolis Composites GmbH) über die Prozessregelung in den Tapelegesystemen von Coriolis.* JEC2017, Paris, 15.03.2017.

[GARD20] Gardiner, G.: *Conbility: Mass production of composite tape laminates. URL:* https://www.compositesworld.com/articles/conbility-mass-production-of-composite-tape-laminates [Stand: 16.10.2021].

[GENN71] Gennes, P. G. de: *Reptation of a Polymer Chain in the Presence of Fixed Obstacles. In:* The Journal of Chemical Physics. 55. Jg., 1971, Nr. 2.

[GROU10a] Grouve, W. J. B.; Warnet, L. L.; Akkerman, R.: *Towards a process simulation tool for the laser assisted tape placement process. In:* 14th Eurpean Conference on Composite Materials, Budapest, 2010.

[GROU10b] Grouve, W. J. B.; Warnet, L.; Akkerman, R.; Wijskamp, S.; Kok, J. S. M.: *Weld Strength Assessment for Tape Placement. In:* International Journal of Material Forming. 3. Jg., 2010, S1.

[GROU12] Grouve, W.: *Weld strength of laser-assisted tape-placed thermoplastic composites.* Diss. Universität Twente, 2012.

[GROU13] Grouve, W.; Warnet, L. L.; Rietman, B.; Visser, H. A.; Akkerman, R.: *Optimization of the tape placement process parameters for carbon–PPS composites. In:* Composites Part A: Applied Science and Manufacturing. 50. Jg., 2013.

[GROV88] Grove, S. M.: *Thermal modelling of tape laying with continuous carbon fibre-reinforced thermoplastic. In:* Composites. 19. Jg., 1988, Nr. 5.

[HENN14] Henne, F.; Ehard, S.; Kollmannsberger, A.; Höck, B.; Sause, M.; Obermeier, G.; Drechsler, K.: *Thermoplastic in situ fiber placement for future solid rocket motor casings manufacturing. In:* SETEC (Sampe Europe Technical Conference and Table Top Exhibition), 2014.

[HERW19] Herwig, H.; Moschallski, A.: *Wärmeübertragung.* 4. Aufl. Wiesbaden: Springer, 2019.

[HOSS21] Hosseini, S. M. A.: *Towards an accurate process design tool for laser-assisted tape winding.* Diss. Universität Twente, 2021.

[IEC13] Norm IEC 61131-3 (Februar, 2013). *Programmable controllers - Part 3: Programming languages.*

[IEC19] Norm IEC 61784:2019 (April, 2019). *Industrial communication networks - Profiles.*

[ISLA13] Islam, M.; Purtonen, T.; Piili, H.; Salminen, A.; Nyrhilä, O.: *Temperature Profile and Imaging Analysis of Laser Additive Manufacturing of Stainless Steel. In:* Physics Procedia. 41. Jg., 2013.

[ISO14] Norm ISO/IEC 14882:2014 (Dezember, 2014). *C++.*

[JÄHN12] Jähne, B.: *Digitale Bildverarbeitung.* 7. Aufl. Heidelberg: Springer, 2012.

[JAHR03] Jahromi, S.; Gabriëlse, W.; Braam, A.: *Effect of melamine polyphosphate on thermal degradation of polyamides: a combined X-ray diffraction and solid-state NMR study. In:* Polymer. 44. Jg., 2003, Nr. 1.

[JANS17] Janssen, H.; Peters, T.; Brecher, C.: *Efficient Production of Tailored Structural Thermoplastic Composite Parts by Combining Tape Placement and 3d Printing. In:* Procedia CIRP. 66. Jg., 2017.

[JANS20] Janssen, H.: *Additive Prozesskette zur Herstellung von thermoplastischen Faserverbund-Hybridbauteilen.* Diss. RWTH Aachen, 2020.

[KERM15] Kermer-Meyer, A.: *Formhaltige und komplexe Laminatstrukturen in Thermoplast-Tapelegeverfahren.* Diss. RWTH Aachen, 2015.

[KERS19] Kersting, K.; Lampert, C.; Rothkopf, C.: *Wie Maschinen lernen. Künstliche Intelligenz verständlich erklärt.* Wiesbaden: Springer, 2019.

[KHAN10] Khan, M. A.; Mitschang, P.; Schledjewski, R.: *Identification of some optimal parameters to achieve higher laminate quality through tape placement process. In:* Advances in Polymer Technology. 29. Jg., 2010, Nr. 2.

[KHRO20] Khronos Group Inc.: *OpenCL. URL:* https://www.khronos.org/opencl/ [Stand: 13.09.2020].

[KIRS71] Kirsch, R. A.: *Computer determination of the constituent structure of biological images. In:* Computers and Biomedical Research. 4. Jg., 1971, Nr. 3.

[KLIN11] Klingseis, M.: *Luftfahrtspezifische Anforderungen an Thermoplaste in der Flugzeugkabine - heutige Materialien und Entwicklungsfelder.* Chemitz, 29.06.2011.

[KOLL18] Kollmannsberger, A.; Lichtinger, R.; Hohenester, F.; Ebel, C.; Drechsler, K.: *Numerical analysis of the temperature profile during the laser-assisted automated fiber placement of CFRP tapes with thermoplastic matrix. In:* Journal of Thermoplastic Composite Materials. 31. Jg., 2018, Nr. 12.

[KÖLZ08] Kölzer, P.: *Temperaturerfassungssystem und Prozessregelung des laserunterstützten Wickelns und Tapelegens von endlos faserverstärkten thermoplastischen Verbundkunststoffen.* Diss. RWTH Aachen, 2008.

[KÖLZ11] Kölzer, P.: *Potenziale des laserunterstützten Ablegeverfahrens. In:* Lightweight Design. 4. Jg., 2011, Nr. 3.

[KONU11] Konuk, A. R.; Aarts, R.; Veld, A. H. i.; Sibillano, T.; Rizzi, D.; Ancona, A.: *Process Control of Stainless Steel Laser Welding using an Optical Spectroscopic Sensor. In:* Physics Procedia. 12. Jg., 2011.

[KRAU16] Kraus, T.; Kühnel, M.: *Composites-Marktbericht 2016.* Augsburg, 2016.

[KRUS15] Kruse, R.; Borgelt, C.; Braune, C.; Klawonn, F.; Moewes, C.; Steinbrecher, M.: *Computational Intelligence. Eine methodische Einführung in Künstliche Neuronale Netze, Evolutionäre Algorithmen, Fuzzy-Systeme und Bayes-Netze.* 2. Aufl. Wiesbaden: Springer, 2015.

[KUKA09] KUKA Roboter GmbH: *Die Profis in der Schwerlastklasse. KR 360-2. URL:* https://www.kuka.com/-/media/kuka-downloads/imported/6b77ee-cacfe542d3b736af377562ecaa/pf0032_kr_3602_kr_5002_de.pdf [Stand: 26.07.2020].

[KUKA11] KUKA Roboter GmbH: *Spezifikation Roboter KR 360-2,* 07.05.2011.

[KUKL16] Kukla, C.: *Multi-Material Components for Automotive Applications. Automated Manufacturing of Thermoplastic FRP.* München, 1. Dezember 2016.

[KUKL17a] Kukla, C.; Peters, T.; Janssen, H.; Brecher, C.: *Joining of Thermoplastic Tapes with Metal Alloys Utilizing Novel Laser Sources and Enhanced Process Control in a Tape Placement Process. In:* Procedia CIRP. 66. Jg., 2017.

[KUKL17b] Kukla, C.: *Lasers in composites – 25 years laser-based tape placement in Aachen. State of the art and current trends.* Porriño, Oktober 2017.

[KUNS16] K&B Kunststoffdreherei GmbH: *Datenblatt – PE-HD. URL:* https://kb-kunststoffdreherei.de/wp-content/uploads/2016/03/TD-PE300.pdf [Stand: 13.06.2020].

[LAMO03] Lamontia, M. A.; Gruber, M. B.; Funck, S. B.; Waibel, B.; Cope, R. D.; Hulcher, A. B.: *Developing a contoured deposition head for in-situ tape laying and fiber placement. In:* Sampe International Symposium and Exhibition, 2003.

[LASE13] Laserline GmbH: *Handbuch Diodenlaser. LDF 3000-40 VGP.* Mülheim-Kärlich, 2013.

[LASI14] Lasi, H.; Fettke, P.; Kemper, H.-G.; Feld, T.; Hoffmann, M.: *Industrie 4.0. In:* Wirtschaftsinformatik. 56. Jg., 2014, Nr. 4.

[LEES87] Lee, W. I.; Springer, G. S.: *A Model of the Manufacturing Process of Thermoplastic Matrix Composites. In:* Journal of Composite Materials. 21. Jg., 1987, Nr. 11.

[LEVY12] Levy, A.; Heider, D.; Tierney, J.; Gillespie Jr, J. W.; Lefebure, P.; Lang, D.; IW-CT, E.; Du Chaffault, C.: *Simulation and optimization of the thermoplastic Automated Tape Placement (ATP) process. In:* Proceedings of the international SAMPE symposium and exhibition, 2012.

[LIMA18] Li, Z.; Ma, J.; Ma, H.; Xu, X.: *Properties and Applications of Basalt Fiber and Its Composites. In:* IOP Conference Series: Earth and Environmental Science. 186. Jg., 2018.

[LUKA12] Lukaszewicz, D. H.-J.; Ward, C.; Potter, K. D.: *The engineering aspects of automated prepreg layup: History, present and future. In:* Composites Part B: Engineering. 43. Jg., 2012, Nr. 3.

[MACK12] Mack, J.; Schledjewski, R.: *Filament winding process in thermoplastics. In:* Woodhead Publishing (Hrsg.): Manufacturing Techniques for Polymer Matrix Composites (PMCs): Elsevier, 2012.

[MARS10] Marsh, G.: *Airbus A350 XWB update. In:* Reinforced Plastics. 54. Jg., 2010, Nr. 6.

[MART18] Martin, R. C.; Henney, K.: *Clean Architecture. A craftsman's guide to software structure and design.* Boston, Columbus, Indianapolis, New York, San Francisco, Amsterdam, Cape Town, Dubai, London, Madrid, Milan, Munich, Paris, Montreal, Toronto, Delhi, Mexico City, São Paulo, Sydney, Hong Kong, Seoul, Singapore, Taipei, Tokyo: Prentice Hall, 2018.

[MATH20] MathWorks: *Visualizing Four-Dimensional Data. URL:* https://www.mathworks.com/help/matlab/visualize/visualizing-four-dimensional-data.html [Stand: 15.11.2020].

[MTOR14] MTorres: *Total Solution for Carbon Fiber Manufacturing. URL:* https://www.mtorres.es/sites/default/files/documentos/MTorres%20Aeron%20Fibra%20Carbono%202014%20f.pdf [Stand: 13.10.2019].

[NEIT04] Neitzel, M.; Mitschang, P.; Beresheim, G.: *Handbuch Verbundwerkstoffe. Werkstoffe, Verarbeitung, Anwendung.* München: Hanser, 2004.

[NICK08] Nickolls, J.; Buck, I.; Garland, M.; Skadron, K.: *Scalable parallel programming with CUDA. In:* ACM Queue. 6. Jg., 2008, Nr. 2.

[NIER15] Nieradzik, T.: *Verbundvorhaben Klimaschutz: In-situ Integration von Belastungssensoren in hochbeanspruchte CFK-Komponenten (CFK-Mikro) : Schlussbericht zum KMU-innovativ : Laufzeit des Vorhabens: 01.08.2012 bis 31.12.2014:* RWTH Aachen, 2015.

[NOBL06] Noble, W. S.: *What is a support vector machine? In:* Nature biotechnology. 24. Jg., 2006, Nr. 12.

[PEDR11] Pedregosa, F.; Varoquaux, G.; Gramfort, A.; Michel, V.; Thirion, B.; Grisel, O.; Blondel, M.; Prettenhofer, P.; Weiss, R.; Dubourg, V.; Vanderplas, J.; Passos, A.; Cournapeau, D.; Brucher, M.; Perrot, M.; Duchesnay, E.: *Scikit-learn: Machine Learning in Python. In:* Journal of Machine Learning Research. 12. Jg., 2011.

[PEET20] Peeters, D.; Deane, M.; O'Higgins, R.; Weaver, P. M.: *Morphology of ply drops in thermoplastic composite materials manufactured using laser-assisted tape placement. In:* Composite Structures. 251. Jg., 2020.

[PETE17a] Peters, T.; Schäkel, M.; Janssen, H.; Brecher, C.: *Data collection and utilization during the adaptive production of thermoplastic composite pressure vessels. In:* Composite Pressure Vessel Symposium, 2017.

[PETE17b] Peters, T.; Kukla, C.; Janssen, H.; Brecher, C.: *System Improvement for Laser-based Tape Placement to Directly Manufacture Metal/Thermoplastic Composite Parts. In:* 21st International Conference on Composite Materials, Xi'an, 2017.

[PETE20] Peters, T.: *Untersuchungen zum diodenlaserbasierten in-situ Tapelegen als Produktionstechnologie für einen großserienfähigen hybriden Leichtbau.* Diss. RWTH Aachen, 2020.

[PREW70] Prewitt, J. M. S.: *Object enhancement and extraction. In:* Picture processing and Psychopictorics. 10. Jg., 1970, Nr. 1.

[QURE14] Qureshi, Z.; Swait, T.; Scaife, R.; El-Dessouky, H. M.: *In situ consolidation of thermoplastic prepreg tape using automated tape placement technology: Potential and possibilities. In:* Composites Part B: Engineering. 66. Jg., 2014.

[REIC16] Reichardt, J. M.; Baran, I.; Akkerman, R.: *Optical process model for laser-assisted tape winding. In:* 17th European Conference on Composite Materials, 2016.

[REIC18] Reichardt, J.; Baran, I.; Akkerman, R.: *New analytical and numerical optical model for the laser assisted tape winding process. In:* Composites Part A: Applied Science and Manufacturing. 107. Jg., 2018.

[REIN11] Reinl, S.: *Prozesskontrolle regelt berührungslosen Energieeintrag. In:* Kunststoffe. 2011. Jg., 2011, Nr. 01.

[REIN17] Reinhart, G. (Hrsg.). In: *Handbuch Industrie 4.0. Geschäftsmodelle, Prozesse, Technik.* München: Hanser, 2017.

[REUT08] Reuter, M.; Zacher, S.: *Regelungstechnik für Ingenieure. Analyse, Simulation und Entwurf von Regelkreisen.* 12. Aufl. Wiesbaden: Vieweg+Teubner, 2008.

[RFC15] Norm RFC 4180 (Oktober, 2005). *Common Format and MIME Type for Comma-Separated Values (CSV) Files.*

[RFC17] Norm RFC 8259 (Dezember, 2017). *The JavaScript Object Notation (JSON) Data Interchange Format.*

[RODR19] Rodríguez-Lence, F.; Lorenzo, E.; Fernández, K.; Romero, S.; Zuazo, M.: *Thermoplastic composite penetration in the aerospace structures. In:* AEMAC. 3. Jg., 2019, Nr. 2.

[ROFI16] ROFIN-BAASEL Lasertech GmbH & Co. KG: *Laser Welding of Plastic. Solutions for Industry. URL:* https://www.rofin.de/fileadmin/user_upload/content/6_branchen/11_andere/COHERENT_ROFIN_Bro_PlasticWelding_E_2016-12_Bl_web.pdf [Stand: 12.05.2020].

[ROGG13] Roggemann, J.: *Vergleichende Analyse von echtzeitfähigen Steuerungs- und Regelungssystemen für das laserunterstütze Tapelegen unter dem Aspekt des Rapid Prototypings.* Diplomarbeit. RWTH Aachen, 2013.

[ROTH16] Roth, A.: *Industrie 4.0 – Hype oder Revolution? In:* Roth, A. (Hrsg.): Einführung und Umsetzung von Industrie 4.0. Berlin: Springer, 2016.

[RUDI18] Rudis, B.; Ross, N.; Garnier, S.: *The viridis color palettes. URL:* https://cran.r-project.org/web/packages/viridis/vignettes/intro-to-viridis.html [Stand: 02.08.2020].

[SAUE18] Sauer, M.; Kühnel, M.: *Composites-Marktbericht 2018.* Augsburg, 2018.

[SCHA00] Scharr, H.: *Optimal operators in digital image processing.* Heidelberg, Univ., Diss., 2000. Ruprecht-Karls-Universität, 2000.

[SCHA17] Schaefer, P. M.; Gierszewski, D.; Kollmannsberger, A.; Zaremba, S.; Drechsler, K.: *Analysis and improved process response prediction of laser- assisted automated tape placement with PA-6/carbon tapes using Design of Experiments and numerical simulations. In:* Composites Part A: Applied Science and Manufacturing. 96. Jg., 2017.

[SCHÄ17a] Schäkel, M.: *ambliFibre – adaptive model-based Control for laser-assisted Fibre-reinforced tape winding. URL:* https://www.amblifibre.eu/ [Stand: 02.05.2020].

[SCHÄ17b] Schäkel, M.; Janssen, H.; Brecher, C.: *Online data collection and modeling for the adaptive production of composite pipes & vessels. In:* Lightweight Vehicles Conference, 2017.

[SCHÄ19] Schäkel, M.; Janssen, H.; Brecher, C.: *Gesteigerte Zuverlässigkeit für die Herstellung von FVK-Druckbehältern. In:* Lightweight Design. 12. Jg., 2019, Nr. 3.

[SCHA20] Schares, R.: *Laserstrahl-Fügevorbehandlung von CFK-Bauteilen in Formwerkzeugen von Spritzgießanlagen.* Diss. RWTH Aachen, 2020.

[SCHL03] Schledjewski, R.; Fernandez, G.; Koch, D.: *Prozesssimulation von Verarbeitungsverfahren für thermoplastische faserverstärkte Bändchenhalbzeuge (ProSimFRT). In:* Degischer, H.-P. (Hrsg.): Verbundwerkstoffe. Weinheim: Wiley, 2003.

[SCHL04] Schledjewski, R.: *Mechanical performance of in-situ consolidated thermoplastic fiber reinforced tape materials. In:* Proceedings ECCM, 2004.

[SCHL09] Schledjewski, R.; Miaris, A.: *Thermoplastic tape placement by means of diode laser heating. In:* SAMPE '09. Changing times. new opportunities. are you prepared? ; Baltimore, Maryland, May 18 - 21, 2009 ; conference proceedings volume 54. Covina, Calif.: Society for the Advancement of Material and Process Engineering, 2009.

[SCHM05] Schmidt, F.: *Fertigungs-und Maschinenkonzept zur kontinuierlichen Herstellung endloser faserverstärkter Thermoplastrohre.* Diss. RWTH Aachen, 2005.

[SCHN14] Schneider, M.; Mayer, T.; Beckenlechner, R.: *Endbearbeitung von Faserverbundwerkstoffen als Hürde für die Großserie. In:* Lightweight Design. 7. Jg., 2014, Nr. 6.

[SCHÜ07] Schürmann, H.: *Konstruieren mit Faser-Kunststoff-Verbunden.* 2. Aufl. Heidelberg: Springer, 2007.

[SIEB19] Siebel, T.: *Leichtbau reduziert die Produktkosten. In:* Lightweight Design. 12. Jg., 2019, Nr. 5.

[STEY11] Schutzrecht EP 2337670 A1 (29.06.2011). Steyer, M.; Schmitz, S.; Kölzer, P.: *Verfahren und Vorrichtung zur Herstellung von Verbundwerkstoffbauteilen sowie Andruckeinheit.*

[STEY13] Steyer, M.: *Laserunterstütztes Tapelegeverfahren zur Fertigung endlosfaserverstärkter Thermoplastlaminate.* Diss. RWTH Aachen, 2013.

[STIM14] Stimpfl, J.: *CO2-laserunterstütztes Tapelege-, Wickelverfahren zur Verarbeitung von ungefärbten, endlos glasfaserverstärkten Thermoplast-Tapes.* Diss. RWTH Aachen, 2014.

[STOK12] Stokes-Griffin, C. M.; Matuszyk, T. I.; Compston, P.; Cardew-Hall, M. J.: *Modelling the Automated Tape Placement of Thermoplastic Composites with In-Situ Consolidation. In:* Sustainable Automotive

Technologies 2012. Proceedings of the 4th International Conference. Berlin, Heidelberg: Springer Berlin Heidelberg, 2012.

[STOK15a] Stokes-Griffin, C. M.; Compston, P.: *The effect of processing temperature and placement rate on the short beam strength of carbon fibre–PEEK manufactured using a laser tape placement process. In:* Composites Part A: Applied Science and Manufacturing. 78. Jg., 2015.

[STOK15b] Stokes-Griffin, C. M.; Compston, P.: *A combined optical-thermal model for near-infrared laser heating of thermoplastic composites in an automated tape placement process. In:* Composites Part A: Applied Science and Manufacturing. 75. Jg., 2015.

[STOK16a] Stokes-Griffin, C. M.; Compston, P.: *An inverse model for optimisation of laser heat flux distributions in an automated laser tape placement process for carbon-fibre/PEEK. In:* Composites Part A: Applied Science and Manufacturing. 88. Jg., 2016.

[STOK16b] Stokes-Griffin, C.; Ehard, S.; Kollmannsberger, A.; Compston, P.; Drechsler, K.: *Selective reinforcment of steel with CF/PA6 composites in a laser tape placment process: Effect of surface preparation and laser angle on interfacial bond strength. In:* ECCM17-17th European Conference on Composite Materials, 2016.

[STOK17] Stokes-Griffin, C. M.; Ehard, S.; Kollmannsberger, A.; Compston, P.; Drechsler, K.: *A laser tape placement process for selective reinforcement of steel with CF/PA6 composites: Effects of surface preparation and laser angle. In:* Materials & Design. 116. Jg., 2017.

[STOK19] Stokes-Griffin, C. M.; Kollmannsberger, A.; Compston, P.; Drechsler, K.: *The effect of processing temperature on wedge peel strength of CF/PA 6 laminates manufactured in a laser tape placement process. In:* Composites Part A: Applied Science and Manufacturing. 121. Jg., 2019.

[STYC17] Styczynski, Z. A.; Rudion, K.; Naumann, A.: *Einführung in Expertensysteme. Grundlagen, Anwendungen und Beispiele aus der elektrischen Energieversorgung.* Heidelberg: Springer, 2017.

[TÖRN17] Törngren, M.; Asplund, F.; Bensalem, S.; McDermid, J.; Passerone, R.; Pfeifer, H.; Sangiovanni-Vincentelli, A.; Schätz, B.: *Characterization, Analysis, and Recommendations for Exploiting the Opportunities of Cyber-Physical Systems:* Cyber-Physical Systems: Elsevier, 2017.

[UNBE08] Unbehauen, H.: *Regelungstechnik I. Klassische Verfahren zur Analyse und Synthese linearer kontinuierlicher Regelsysteme, Fuzzy-Regelsysteme.* 15. Aufl. Wiesbaden: Vieweg+Teubner, 2008.

[UNBE09] Unbehauen, H.: *Zustandsregelungen, digitale und nichtlineare Regelsysteme.* 9. Aufl. Wiesbaden: Vieweg+Teubner, 2009.

[VANR11] van Rossum, G.; Drake, F. L.: *The Python Language Reference Manual. For Python Version 3.2.* Bristol: Network Theory Ltd., 2011.

[VDI18] Richtlinie VDI/VDE 5585 (2018). *Technische Temperaturmessung - Temperaturmessung mit Thermografiekameras - Messtechnische Charakterisierung.*

[VÖLT18] Völtzer, K.: *Online-Prozessüberwachung von Automated Fiber Placement Prozessen auf Basis der Thermografie.* Diss. Universität Hannover, 2018.

[WEIL19] Weiler, T.: *Thermal Skin Effect in Laser-Assisted Tape Placement of Thermoplastic Composites.* Diss. RWTH Aachen, 2019.

[WERN14] Werner, D.; Emonts, M.; Brecher, C.: *Modulares und laserunterstütztes Tapelegesystem. In:* Lightweight Design. 7. Jg., 2014, Nr. 4.

[WERN18] Werner, D.: *Fertigung basaltfaserverstärkter Bauteile auf Basis duroplasitscher Matrixsysteme mit aktivierbarer Adhäsion.* Diss. RWTH Aachen, 2018.

[WINK19] Winkelmann, N.: *Industrie 4.0 - Großes Potenzial für Oberflächendienstleister. In:* JOT Journal für Oberflächentechnik. 59. Jg., 2019, Nr. 5.

[WITT13] Witten, E.; Kleinholz, R.; Mathes, V.: *Handbuch Faserverbundkunststoffe/Composites. Grundlagen - Verarbeitung - Anwendung.* 4. Aufl. Wiesbaden: Springer, 2013.

[YANG03] Yang, F.; Pitchumani, R.: *Nonisothermal healing and interlaminar bond strength evolution during thermoplastic matrix composites processing. In:* Polymer Composites. 24. Jg., 2003, Nr. 2.

[ZAAM17] Zaami, A.; Baran, I.; Akkerman, R.: *Numerical modeling of laser assisted tape winding process. In:* Proceedings of the International Conference of Global Network for Innovative Technology and Awan International Conference in Civil Engineering (IGNITE-AICCE'2017). Sustainable Technology And Practice For Infrastructure and Community Resilience, 2017.

[ZAAM19] Zaami, A.; Schäkel, M.; Baran, I.; Bor, T. C.; Janssen, H.; Akkerman, R.: *Temperature variation during continuous laser-assisted adjacent hoop winding of type-IV pressure vessels: An experimental analysis. In:* Journal of Composite Materials, 2019.

[ZAAM21] Zaami, A.: *Development of a fast local analysis tool for optimized laser assisted tape winding.* Diss. Universität Twente, 2021.

[ZACH17] Zacher, S.; Reuter, M.: *Regelungstechnik für Ingenieure.* 15. Aufl. Wiesbaden: Springer, 2017.

[ZADE65] Zadeh, L. A.: *Information and control. In:* Fuzzy sets. 8. Jg., 1965, Nr. 3.

[ZHAN19] Zhang, R.; Xue, A.; Gao, F.: *Model Predictive Control. Approaches Based on the Extended State Space Model and Extended Non-minimal State Space Model.* Singapur: Springer, 2019.

[ZIEG42] Ziegler, J. G.; Nichols, N. B.: *Optimum settings for automatic controllers. In:* Transactions of the American Society of Mechanical Engineers. 64. Jg., 1942, Nr. 11.

[ZINN20] Zinnecker, V.; Stokes-Griffin, C. M.; Khudiakova, A.; Wolfahrt, M.; Compston, P.: *A comparative study for shear testing of thermoplastic-based composites and metal-composite hybrids. In:* Composites Part A: Applied Science and Manufacturing. 137. Jg., 2020.

[ZÖLL18] Zöller, D.: *Model-Based Predictive Control of Scalable Thermal Processes.* Diss. RWTH Aachen, 2018.

Während der Promotion betreute studentische Arbeiten

Die dargestellten Ergebnisse beruhen in wenigen Teilen auf den folgenden studentischen Abschlussarbeiten, die bei der Fakultät für Maschinenwesen der RWTH Aachen University (eine Arbeit), bei der Fakultät für Elektrotechnik und Informationstechnik der RWTH Aachen University (eine Arbeit) oder am Fachbereich für Elektrotechnik und Informationstechnik der FH Aachen (eine Arbeit) eingereicht und durch den Autor der Dissertation angeleitet und betreut wurden:

Roggemann, J.: Vergleichende Analyse von echtzeitfähigen Steuerungs- und Regelungssystemen für das laserunterstützte Tapelegen unter dem Aspekt des Rapid Prototypings. Diplomarbeit. RWTH Aachen, 2013

Schäkel, M.: Thermographisches Monitoring von Prozessen in der automatisierten Fertigung von FVK-Bauteilen. Bachelorarbeit. RWTH Aachen, 2014

Timm, M.: Prozesstemperaturregelung für die automatisierte Verarbeitung thermoplastischer Tapes im laserunterstützten Tapelegeprozess. Masterarbeit. FH Aachen, 2016

In der Reihe **Ergebnisse aus der Produktionstechnik** zuletzt erschienen:

Kukla, Christian:
Prozesstemperaturregelung in der laserunterstützten Verarbeitung von faserverstärkten thermoplastischen Verbundkunststoffen
ISBN: 978-3-98555-116-3
Erscheinungsdatum: 19.10.2022

Hahn, Viviane:
Bewertung der Wandlungsfähigkeit in der automatisierten Fabrikplanung
ISBN: 978-3-98555-102-6
Erscheinungsdatum: 10.10.2022

Schäkel, Martin:
Adaptiver laserunterstützter Tapewickelprozess für die Herstellung von Druckbehältern aus endlosfaserverstärkten Thermoplasten
ISBN: 978-3-98555-107-1
Erscheinungsdatum: 12.08.2022

Henkel, Jérôme
Strategien zur Steigerung der Flächeneffizienz von Fabriken im urbanen Umfeld ISBN
ISBN: 978-3-98555-098-2
Erscheinungsdatum: 27.07.2022

Eßer, Bastian:
Analyse des Betriebsverhaltens von Kugelgewindetrieben unter statischen axialen Betriebslasten
ISBN: 978-3-98555-065-4
Erscheinungsdatum: 11.07.2022

Schulz, Martin:
Optimierung des Temperaturfeldes beim Laserstrahlhärten
ISBN: 978-3-98555-078-4
Erscheinungsdatum: 23.06.2022

Kiesel, Raphael:
Techno-Economic Evaluation of 5G Technology for Latency-Critical Applications in Production
ISBN: 978-3-98555-115-6
Erscheinungsdatum: 19.10.2022

Solf, Mareike:
Modellierung der Schleifkraft beim Kegelradschleifen
ISBN: 978-3-98555-106-4
Erscheinungsdatum: 12.08.2022

Elser, Hannes:
Fähigkeit von Bluetooth Low Energy zur signalstärkebasierten Rückverfolgung von Bauteilen in der Einzel- und Kleinserienfertigung
ISBN: 978-3-98555-099-9
Erscheinungsdatum: 12.08.2022

Busch, Max:
Intelligente Produktionsplanungsprozesse im Werkzeugbau
ISBN: 978-3-98555-095-1
Erscheinungsdatum: 14.07.2022

Fölling, Carsten:
Komplexitätsbeherrschung durch hybride Montageplanung
ISBN: 978-3-98555-090-6
Erscheinungsdatum: 30.06.2022

Ays, Johanna:
Kontextbasierte Integration agiler und plangetriebener Entwicklungsprozesse
ISBN: 978-3-98555-087-6
Erscheinungsdatum: 23.06.2022

Edition Wissenschaft
Apprimus

Ebade Esfahani, Matthias:

Ontologie der Fabrikplanung mit Hilfe von Building Information Modeling (BIM)

ISBN: 978-3-98555-084-5
Erscheinungsdatum: 07.06.2022

Schmitz, Seth:

Datenbasierte Beschreibung der Prozessperformance in der Auftragsabwicklung

ISBN: 978-3-98555-079-1
Erscheinungsdatum: 19.05.2022

Scholz, Paul:

Applikation maschinell lernender Systeme in der vernetzten adaptiven Produktion

ISBN 978-3-98555-069-2
Erscheinungsdatum: 28.04.2022

Ochs, Jelena Katherina:

Model-Based Process Prediction for Predictive-Reactive Scheduling in Automated Stem Cell Production

ISBN 978-3-98555-059-3
Erscheinungsdatum: 22.04.2022

Fränken, Bastian:

Standortrollen in Produktionsnetzwerken

ISBN 978-3-98555-052-4
Erscheinungsdatum: 13.04.2022

Schäfer, Alexander:

Werkzeugseitiger Einsatz von NiTi-FGL zur Verbesserung der dynamischen Prozessstabilität bei der Fräsbearbeitung

ISBN 978-3-98555-060-9
Erscheinungsdatum: 11.04.2022

Maslo, Semir:

Simulation of the Dynamic Vibration Behaviour and Spindle Speed Optimization During the Milling Process of Turbomachinery Components

ISBN: 978-3-98555-082-1
Erscheinungsdatum: 25.05.2022

Goertz, David:

Gestaltungsmodell für eine vernetzte adaptive Montage im Werkzeugbau

ISBN 978-3-98555-072-2
Erscheinungsdatum: 05.05.2022

Wollbrink, Moritz:

Methodik zur Integration pulverbettbasierter additiver Fertigungstechnologien in Fertigungsprozessketten

ISBN 978-3-98555-070-8
Erscheinungsdatum: 22.04.2022

Menges, Alexander:

Bewertung von Produktvarianten mittels Process Data Mining

ISBN 978-3-98555-066-1
Erscheinungsdatum: 13.04.2022

Krauß, Jonathan:

Optimizing Hyperparameters for Machine Learning Algorithms in Production

ISBN 978-3-98555-020-3
Erscheinungsdatum: 13.04.2022

Schwenzer, Max:

Closing the Loop of Model Predictive Force Control in Milling with Ensemble Kalman Filtering

ISBN 978-3-98555-057-9
Erscheinungsdatum: 11.04.2022

Edition Wissenschaft
Apprimus

MIX
Papier | Fördert
gute Waldnutzung
FSC® C083411

Zeitfracht Medien GmbH
Ferdinand-Jühlke-Straße 7
99095 Erfurt, Deutschland
produktsicherheit@kolibri360.de